概率论与数理统计

樊丽颖　左明霞　袁丽丽　主编

哈尔滨工业大学出版社

内 容 提 要

本书共分6章,第1～5章为概率论部分,主要介绍概率论的基本概念、随机变量及其概率分布、多维随机变量及其分布、随机变量的数字特征及大数定律与中心极限定理,第6章为数理统计范畴,主要介绍数理统计的基本概念等基础知识。每章后面配有适量的同步练习题,书末附有习题答案和附表以备查用。习题难易程度有所不同,以满足各类读者所需。

本书可作为高等工科院校本、专科"概率论与数理统计"课程的教材,也可供非数学类理科及管理类各专业使用。

图书在版编目(CIP)数据

概率论与数理统计/樊丽颖,左明霞,袁丽丽主编.
—哈尔滨:哈尔滨工业大学出版社,2017.1
ISBN 978-7-5603-6388-2

Ⅰ.①概⋯ Ⅱ.①樊⋯ ②左⋯ ③袁⋯ Ⅲ.①概率论—高等学校—教材 ②数理统计—高等学校—教材 Ⅳ.①021

中国版本图书馆 CIP 数据核字(2016)第 303032 号

策划编辑	杨秀华
责任编辑	何波玲
封面设计	刘长友
出版发行	哈尔滨工业大学出版社
社 址	哈尔滨市南岗区复华四道街10号 邮编150006
传 真	0451-86414749
网 址	http://hitpress.hit.edu.cn
印 刷	黑龙江艺德印刷有限责任公司
开 本	787 mm×960 mm 1/16 印张10 字数180千字
版 次	2017年1月第1版 2017年1月第1次印刷
书 号	ISBN 978-7-5603-6388-2
定 价	24.80元

(如因印装质量问题影响阅读,我社负责调换)

前　言

"概率论与数理统计"主要研究客观世界中随机现象的统计规律性,在控制、通信、生物、金融、社会科学及其他工程技术等诸多领域中有着广泛的应用。现已成为各高等院校理工科及金融、医药、管理、经济等各专业学生的必修课程。

本书是专门为高等院校的理工科学生编写的"概率论与数理统计"教材,着重阐明了概率论与数理统计的基本概念、基本思想、基本原理和基本方法,以及常用的统计方法,以便适应现阶段学时总数不多但教学要求相对较高的现状。各院校可根据实际教学要求删减部分内容或部分内容略讲。作为一本入门教材,在编写时,本书尽量以实际例子引入基本概念、基本方法,力求突出重点,对基本概念、重要公式和定理注重其实际意义的解释说明,力求通俗易懂。期望本书对培养学生的随机思维,提高学生分析问题、解决问题的能力有所帮助。

本书共分 6 章,内容包括概率论的基本概念、随机变量及其概率分布、多维随机变量及其分布、随机变量的数字特征、大数定律与中心极限定理、统计量及其抽样分布,其中第 1~3 章由樊丽颖编写,第 4、5 章由左明霞编写,第 6 章由袁丽丽编写。

由于编者水平有限,书中难免存在疏漏和不妥之处,恳请广大读者批评指正,以期不断完善。

编　者
2016 年 10 月

目 录

第 1 章 概率论的基本概念 ………………………………………… 1
 1.1 随机事件与样本空间 ………………………………… 1
 1.2 随机事件的概率 ……………………………………… 7
 1.3 古典概型与几何概型 ………………………………… 12
 1.4 条件概率 ……………………………………………… 17
 1.5 事件的独立性 ………………………………………… 23
 习题 1 …………………………………………………… 29

第 2 章 随机变量及其概率分布 …………………………………… 33
 2.1 随机变量及其分布函数 ……………………………… 33
 2.2 离散型随机变量及其概率分布 ……………………… 36
 2.3 连续型随机变量及其概率分布 ……………………… 43
 2.4 随机变量函数的分布 ………………………………… 52
 习题 2 …………………………………………………… 56

第 3 章 多维随机变量及其分布 …………………………………… 60
 3.1 二维随机变量及其分布 ……………………………… 60
 3.2 二维离散型随机变量及其概率特性 ………………… 62
 3.3 二维连续型随机变量及其概率特性 ………………… 68
 3.4 条件分布 ……………………………………………… 73
 3.5 随机变量的独立性 …………………………………… 77
 3.6 二维随机变量函数的分布 …………………………… 80
 习题 3 …………………………………………………… 86

第 4 章 随机变量的数字特征 ……………………………………… 90
 4.1 数学期望 ……………………………………………… 90
 4.2 方差 …………………………………………………… 96

  4.3 协方差及相关系数 …………………………………… 100
  习题 4 ………………………………………………………… 103
第 5 章 大数定律与中心极限定理 ………………………… 106
  5.1 大数定律 …………………………………………… 106
  5.2 中心极限定理 ……………………………………… 108
  习题 5 ………………………………………………………… 111
第 6 章 统计量及其抽样分布 ……………………………… 114
  6.1 总体和样本 ………………………………………… 114
  6.2 统计量和抽样分布 ………………………………… 116
  习题 6 ………………………………………………………… 125
习题答案 ………………………………………………………… 127
附录 ……………………………………………………………… 137

第 1 章　　概率论的基本概念

概率论与数理统计是研究现实世界中随机现象统计规律性的一门数学分支学科。它的特点是：一方面，它有着别开生面的研究课题，有自己独特的概念和方法，内容丰富、结果深刻；另一方面，它与其他数学分支以及科学技术的许多领域有着紧密的联系，理论严谨、应用广泛，是近代数学的组成部分。

概率，又称几率，是随机事件出现的可能性的量度，其起源与博弈问题有关。对客观世界中随机现象的分析产生了概率论，使概率论成为数学的一个分支学科的真正奠基人是瑞士数学家 J. 伯努利，而概率论的飞速发展则在 17 世纪微积分学说建立以后。概率论广泛应用于科学技术领域以及国民经济和工农业生产的各个部门，在通信工程中可用以提高信号的抗干扰性和分辨率等。

本章介绍概率论中的一些基本概念，并介绍了概率的性质、计算方法及相关的重要公式。

1.1　随机事件与样本空间

在自然界和人类社会生活中普遍存在着两类现象：必然现象（又称确定性现象）和随机现象（不确定现象）。

所谓必然现象，是指在相同条件下进行试验或观察时，其结果可以事先预知的现象。例如，上抛一个物体它必然会落到地面；磁铁 N 极和 S 极一定相吸等，都是必然现象。

所谓随机现象，是指在相同条件下进行试验或观察时，其结果无法事先预知的现象。例如，人们买彩票时，事先不能预知自己所买彩票是否能中奖；掷一枚骰子，不能事先预知究竟会出现几点等。

虽然随机现象在一定条件下可能出现这样或那样的结果，而且在每次试验或观测之前不能预知哪个结果会出现，但在大量重复进行同一个试验时却呈现出某种规律性。在相同条件下进行大量重复试验时，出现的结果所呈现的规律性被称为统计规律性。

1.1.1 随机试验

在一定条件下,对自然与社会现象进行的观察或实验称为试验,若它有以下特点,则称为随机试验。

(1) 可重复:可在相同条件下重复进行。

(2) 多结果:试验的所有可能结果不止一个,但都可以事先预知。

(3) 随机性:每次试验出现且仅出现可能结果中的一个,但究竟是哪一个结果事先不可预知。

为了简单起见,今后将随机试验简称试验,并用 E 表示。

例如:

E_1:连续投掷一枚骰子3次,观察所投掷的点数。

E_2:记录某地110报警电话一天内接到的呼叫次数。

E_3:在一批灯泡中任意抽取一只,测试它的寿命。

E_4:对某一目标进行射击,直到击中为止,观察射击的次数。

E_5:一个盒子中有10个完全相同的球,其中6个红球,4个白球,从中任取一球,观察所取球的颜色。

1.1.2 样本空间

随机试验 E 的所有可能结果组成的集合称为样本空间(Ω),每个可能结果称为一个样本点(e)。

【例1】 掷一枚硬币观察出现正面或反面的试验中,有两个样本点:正面、反面。

样本空间为 $\Omega = \{正面,反面\}$。

【例2】 观察一天内进入某公交车站的乘客数,其样本空间为 $\Omega = \{0,1,2,\cdots,n\}$。

【例3】 观察某品牌灯泡的使用寿命,其样本空间为 $\Omega = \{t: t \geqslant 0\}$。

1.1.3 随机事件

一般地,称试验 E 的样本空间 Ω 的子集为 E 的随机事件,简称事件,它是满足某些条件的样本点所组成的集合,记为 $A,B,C,\cdots$。如果在每次试验中,某事件一定发生,则该事件称为必然事件(Ω);相反地,如果某事件一定不发生,则称为不可能事件(Φ)。仅由一个样本点组成的子集称为基本事件,它是随机试验的直接结果,每次试验必定发生且只可能发生一个基本事件。随机事件发生是指,组成随机事件的一个样本点发生。

【例 4】 一个盒子中共有 10 个球,其中 2 个红球,8 个白球,从中任取 3 个球,则:$A=\{$恰有 1 个白球$\}$,$B=\{$恰有 2 个白球$\}$,$C=\{$至少有 2 个白球$\}$ 都是随机事件,而 $\Omega=\{3$ 个中至少有 1 个白球$\}$ 为必然事件,$\Phi=\{3$ 个中至少有 3 个红球$\}$ 为不可能事件。对随机试验来说,其样本空间可以包含很多随机事件,概率论的任务之一就是研究随机事件的规律性,通过对比较简单的事件规律进行研究进而掌握复杂事件的规律,为此需要研究事件之间的关系与运算。

1.1.4 事件的关系与运算

由于事件是样本空间的子集,所以事件之间的关系与运算可以按照集合的关系与运算来处理,下面用概率论的语言来描述这些关系与运算。

1. 事件的包含与相等

若事件 A 发生必然导致事件 B 发生,即属于 A 的每一个样本点一定也属于 B,则称事件 A 包含于事件 B,或事件 B 包含事件 A,记作 $A \subset B$ 或 $B \supset A$。例如,在掷一枚骰子的试验中,$A=\{2\}$,$B=\{2,4,6\}$,$A \subset B$,如图 1.1 所示。

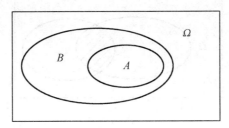

图 1.1

显然,对任意事件 A,有 $\Phi \subset A \subset \Omega$。

若事件 A 包含事件 B,同时事件 B 也包含事件 A,即 $A \subset B$ 且 $A \supset B$,则称事件 A 与事件 B 相等,记作 $A=B$。

2. 事件的和

"事件 A 与事件 B 至少有一个发生",这一事件称为事件 A 与事件 B 的和(事件),记作 $A \cup B$,如图 1.2 所示。例如,甲、乙两人向同一目标射击,A 表示"甲击中目标",B 表示"乙击中目标",C 表示"目标被击中",则 $C=A \cup B$。

推广:$\bigcup\limits_{i=1}^{n} A_i = \{$事件 $A_1, \cdots, A_n$ 至少有 1 个发生$\}$——有限个事件的和事件;

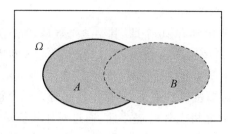

图 1.2

$\bigcup\limits_{i=1}^{\infty} A_i = \{$事件 $A_1, \cdots, A_n$ 至少有 1 个发生$\}$——可列个事件的和事件。

3. 事件的积

"事件 A 与事件 B 同时发生",这一事件称为事件 A 与事件 B 的积(事件),记作 $A \cap B$,也可省略表示为 AB,如图 1.3 所示。例如,某产品合格与否是由该产品的长度和直径是否合格决定的,A 表示"长度合格",B 表示"直径合格",C 表示"产品合格",则 $C = A \cap B$。

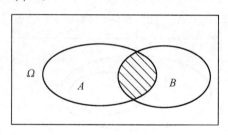

图 1.3

推广:$\bigcap\limits_{i=1}^{n} A_i = \{$事件 $A_1, \cdots, A_n$ 同时发生$\}$——有限个事件的积事件;

$\bigcap\limits_{i=1}^{\infty} A_i = \{$事件 $A_1, \cdots, A_n \cdots$ 同时发生$\}$——可列个事件的积事件。

4. 事件的差

"事件 A 发生而事件 B 不发生",这一事件称为事件 A 与事件 B 的差(事件),记作 $A-B$,如图 1.4 所示。例如,掷一枚骰子的试验中,A 表示"出现偶数点",B 表示"出现 2 点",则 $A-B = \{4,6\}$。

5. 互不相容(互斥)事件

若事件 A 与事件 B 不能同时发生,即 $AB = \Phi$,则称事件 A 与事件 B 是互不相容(互斥)事件,如图 1.5 所示。例如,掷一枚骰子的试验中,A 表示出现偶数

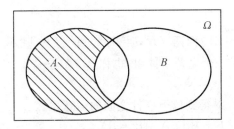

图 1.4

点，B 表示出现奇数点，则 A 与 B 互斥。显然，任意两个基本事件是互斥的。设 n 个事件 $A_1, A_2, \cdots, A_n$，满足 $A_i A_j = \Phi, i \neq j$，则称这 n 个事件是两两互斥的。

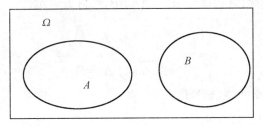

图 1.5

6. 对立事件（逆事件）

必然事件 Ω 与事件 A 的差事件 $\Omega - A$，称为事件 A 的对立事件（逆事件），记作 $\bar{A}$，即 $\bar{A} = \Omega - A$，如图 1.6 所示。例如，掷一枚骰子的试验中，A 表示"出现偶数点"，$\bar{A}$ 表示"出现奇数点"。显然，$\bar{\bar{A}} = A$，$A\bar{A} = \Phi$，$A \bigcup \bar{A} = \Omega$。

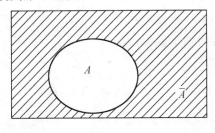

图 1.6

注意：互斥事件与对立事件是两个不同的概念。若事件 A 是事件 B 的对立事件，则 A 与 B 一定互斥，反之不真。而且互斥的定义适用于多个事件，但是对立的定义只适用于两个事件。

7. 完备事件组

若事件 $A_1, A_2, \cdots, A_n$ 两两互斥,且 $A_1 \cup A_2 \cup \cdots \cup A_n = \Omega$,则称这 n 个事件 $A_1, A_2, \cdots, A_n$ 构成一个完备事件组,也称 $A_1, A_2, \cdots, A_n$ 是样本空间 Ω 的一个划分。

根据上述定义,容易得到以下事件之间的运算律。

(1) 交换律:$A \cup B = B \cup A, AB = BA$。

(2) 结合律:$(A \cup B) \cup C = A \cup (B \cup C), (AB)C = A(BC)$。

(3) 分配律:$A(B \cup C) = (AB) \cup (AC), A \cup (BC) = (A \cup B)(A \cup C)$。

(4) 德摩根定律(对偶律):$\overline{AB} = \overline{A} \cup \overline{B}, \overline{A \cup B} = \overline{A}\overline{B}$。

推广:
$$\overline{\bigcap_{i=1}^{n} A_i} = \bigcup_{i=1}^{n} \overline{A_i}, \quad \overline{\bigcup_{i=1}^{n} A_i} = \bigcap_{i=1}^{n} \overline{A_i}$$

$$\overline{\bigcap_{i=1}^{\infty} A_i} = \bigcup_{i=1}^{\infty} \overline{A_i}, \quad \overline{\bigcup_{i=1}^{\infty} A_i} = \bigcap_{i=1}^{\infty} \overline{A_i}$$

运算顺序:逆交并差,括号优先。

我们以后常用到以下结果:

$A = AB \cup A\overline{B}, B = AB \cup \overline{A}B, A - B = A - AB = A\overline{B}, A \cup B = A \cup (B - A)$。

【例 5】 设 Ω 为样本空间,A, B, C 为三个随机事件,试将下列事件用 A, B, C 表示出来:

(1) A 发生,B, C 都不发生;

(2) A, B 都发生,而 C 不发生;

(3) A, B, C 都发生;

(4) A, B, C 中至少有一个发生;

(5) A, B, C 中至少有两个发生;

(6) A, B, C 都不发生。

解 (1) $A\overline{B}\overline{C}$;(2) $AB\overline{C}$;(3) ABC;(4) $A \cup B \cup C$;(5) $AB \cup AC \cup BC$;(6) $\overline{A}\overline{B}\overline{C}$。

【例 6】 在射击比赛中,甲、乙、丙三个选手各射击一次,A 表示"甲中靶",B 表示"乙中靶",C 表示"丙中靶",则可用上述三个事件的运算来表示以下各事件:

(1) "甲未中靶":$\overline{A}$;

(2) "甲中靶而乙未中靶":$A\overline{B}$;

(3)"三人中只有丙未中靶":$AB\bar{C}$;

(4)"三人中恰有一人中靶":$A\bar{B}\bar{C} \cup \bar{A}B\bar{C} \cup \bar{A}\bar{B}C$;

(5)"三人中至少有一人中靶":$A\cup B\cup C$ 或 $\overline{\bar{A}\bar{B}\bar{C}}$;

(6)"三人中至少有一人未中靶":$\bar{A}\cup\bar{B}\cup\bar{C}$ 或 $\overline{ABC}$;

(7)"三人中恰有两人中靶":$AB\bar{C} \cup A\bar{B}C \cup \bar{A}BC$;

(8)"三人中至少两人中靶":$AB\cup AC\cup BC$;

(9)"三人均未中靶":$\bar{A}\bar{B}\bar{C}$;

(10)"三人中至多一人中靶":$\bar{A}\bar{B}\bar{C} \cup A\bar{B}\bar{C} \cup \bar{A}B\bar{C} \cup \bar{A}\bar{B}C$;

(11)"三人中至多两人中靶":$\bar{A}\cup\bar{B}\cup\bar{C}$ 或 $\overline{ABC}$。

注:用其他事件的运算来表示一个事件,表示方法往往不唯一,例如上例中(6)和(11)实际上是同一事件,读者应学会用不同方法表示同一事件,特别在解决具体问题时,往往要根据需要选择一种恰当的表示方法。

1.2 随机事件的概率

对于随机事件来说,它在一次试验中可能发生也可能不发生,我们关心的是一个随机事件 A 在一次试验中发生的可能性有多大,即事件 A 在一次试验中出现的机会有多大。用来度量事件 A 在一次试验中发生的可能性大小的数值 p 称为事件 A 的概率。

1.2.1 概率的统计定义

一般地,在相同条件下重复进行 n 次的试验中,事件 A 出现的次数 n_A 称为事件 A 发生的频数,而比值 $\dfrac{n_A}{n}$ 称为事件 A 发生的频率,记作 $f_n(A)$,即 $f_n(A)=\dfrac{n_A}{n}$。

易证,频率 $f_n(A)$ 满足以下性质:

对于任一事件 A,$0\leqslant f_n(A)\leqslant 1$;

对于必然事件 Ω,$f_n(\Omega)=1$;

对于两两互斥的事件,有

$$f_n(\bigcup_{i=1}^{n} A_i) = \sum_{i=1}^{n} f_n(A_i)$$

事件 A 的频率反映了事件 A 发生的频繁程度。频率越大,表示事件 A 发生得越频繁,即事件 A 发生的可能性越大;反之,事件 A 发生的可能性越小。然而,频率 $f_n(A)$ 不仅依赖于试验次数,而且依赖于每次试验的结果,因试验结果具有随机性,故频率也具有随机性。

历史上曾有人做过"掷一枚均匀硬币"的试验,用来观察"出现正面"这一事件发生的规律,试验结果见表 1.1。

表 1.1 试验结果

试验者	投掷次数 n	出现正面的次数 m	频率 m/n
德摩根(De Morgan)	2 048	1 061	0.518
蒲丰(Buffon)	4 040	2 048	0.506 9
皮尔逊(Pearson)	12 000	6 019	0.501 6
皮尔逊(Pearson)	24 000	12 012	0.500 5

表 1.1 说明,当试验次数 n 充分多时,正面出现的频率在 0.5 附近摆动,呈现出稳定性。

大量试验表明,当试验次数 n 较小时,频率的波动性较大,随着 n 的增大,频率的波动幅度随之减小,稳定地在某一常数 p 附近摆动,而且摆动幅度越来越小,即频率 $f_n(A)$ 呈现出稳定性,则称该常数 p 为随机事件 A 的概率,记作 $P(A)=p$。简言之,频率的稳定值称为该随机事件的概率。这种用频率的稳定值定义的概率称为概率的统计定义。

1.2.2 概率的公理化定义

由频率的性质及概率的定义易知,任何随机事件的概率也有类似频率的性质。然而概率的统计定义要求做大量的试验,究竟多少算"大量"? 这没有一个衡量的标准,因此,人们想到用这些性质作为公理来定义概率,使得以后的推理有据所依。

定义 1 设 Ω 为随机试验 E 的样本空间,若能找到一个法则,使得对于 E 的每个事件 A,都存在一实数 $P(A)$ 与之对应,且满足下面三条公理:

(1) 非负性:$0 \leqslant P(A) \leqslant 1$,对于 $\forall A \subset \Omega$;

(2) 归一性:$P(\Omega)=1$;

(3) 可列可加性:$P(\bigcup_{i=1}^{\infty} A_i) = \sum_{i=1}^{\infty} P(A_i)$,其中 $A_1, A_2 \cdots$ 为两两互斥的事件,

则称 $P(A)$ 为事件 A 的概率。

上述定义称为概率的公理化定义,它以公理的形式给出,因而具有广泛的适应性。第五章将证明,当 $n \to \infty$ 时,频率 $f_n(A)$ 在某种意义下收敛于概率 $P(A)$,因此,概率的公理化定义涵盖了概率的统计定义。

根据概率的定义可以直接推出概率的一些重要性质,这些性质是计算概率的重要依据。

性质 1 $P(\Phi) = 0$。

证明 令 $A_i = \Phi (i=1,2,\cdots)$,则 $\bigcup\limits_{i=1}^{\infty} A_i = \Phi$,且 $A_i A_j = \Phi(i \neq j, i,j=1,2,\cdots)$。由概率的可列可加性得

$$P(\Phi) = P(\bigcup_{i=1}^{\infty} A_i) = \sum_{i=1}^{\infty} P(A_i) = \sum_{i=1}^{\infty} P(\Phi)$$

由于概率 $P(A) \geqslant 0$,因此 $P(\Phi) = 0$。

注:不可能事件的概率为 0,反之不真。

性质 2 (有限可加性) 设 $A_1, A_2, \cdots, A_n$ 两两互斥,则有

$$P(\bigcup_{i=1}^{n} A_i) = \sum_{i=1}^{n} P(A_i)$$

证明 设 $A_{n+1} = A_{n+2} = \cdots = \Phi$,则有 $A_i A_j = \Phi (i \neq j, i,j=1,2,\cdots)$。由概率的可列可加性得

$$P(\bigcup_{i=1}^{n} A_i) = P(\bigcup_{i=1}^{\infty} A_i) = \sum_{i=1}^{\infty} P(A_i) = \sum_{i=1}^{n} P(A_i) + \sum_{i=n+1}^{\infty} P(A_i)$$
$$= \sum_{i=1}^{n} P(A_i) + 0 = \sum_{i=1}^{n} P(A_i)$$

性质 3 (逆事件的概率) $P(\bar{A}) = 1 - P(A)$。

证明 因为 $A \bigcup \bar{A} = \Omega$,且 $A\bar{A} = \Phi$,由性质 2 得

$$1 = P(\Omega) = P(A \bigcup \bar{A}) = P(A) + P(\bar{A})$$

于是

$$P(\bar{A}) = 1 - P(A)$$

性质 4 (减法公式) 对任意两个事件 A, B,有 $P(B-A) = P(B) - P(AB)$。

证明 因为

$$B = AB \bigcup (B-A), 且 AB \bigcap (B-A) = \Phi$$

由性质 2 得
$$P(B) = P(AB) + P(B-AB)$$
所以
$$P(B-A) = P(B) - P(AB)$$

推论 1 （单调性）若 $A \subset B$，则有 $P(B-A) = P(B) - P(A)$，且 $P(A) \leqslant P(B)$。

性质 5 （加法公式）对任意两个事件 A,B，有
$$P(A \cup B) = P(A) + P(B) - P(AB)$$

证明 因为
$$A \cup B = A \cup (B-AB), \text{且 } A \cap (B-AB) = \Phi, AB \subset B$$
所以
$$P(A \cup B) = P(A) + P(B-AB) = P(A) + P(B) - P(AB)$$

推广：
$$P(A \cup B \cup C) = P(A) + P(B) + P(C) - P(AB) - P(BC)P(AC) + P(ABC)$$

一般：
$$P(\bigcup_{i=1}^{n} A_i) = \sum_{i=1}^{n} P(A_i) - \sum_{1 \leqslant i < j \leqslant n} P(A_i A_j) + \sum_{1 \leqslant i < j < k \leqslant n} P(A_i A_j A_k) + \cdots + (-1)^{n-1} P(A_1 A_2 \cdots A_n)$$

右端共有 $2^n - 1$ 项。

【例 7】 设 A, B, C 为三个事件，$P(A) = P(B) = P(C) = \frac{1}{3}$，$P(AB) = P(AC) = \frac{1}{8}$，$P(BC) = 0$。求：

(1) $P(B-A)$；
(2) $P(B \cup C)$；
(3) $P(A \cup B \cup C)$。

解 由概率的性质，得

(1) $P(B-A) = P(B) - P(AB) = \frac{1}{3} - \frac{1}{8} = \frac{5}{24}$

(2) $P(B \cup C) = P(B) + P(C) - P(BC) = \frac{1}{3} + \frac{1}{3} - 0 = \frac{2}{3}$

(3) 因为 $ABC \subset BC$，所以 $P(ABC) \leqslant P(BC)$，即 $P(ABC) = 0$。
$$P(A \cup B \cup C) = P(A) + P(B) + P(C) - P(AB) - P(BC) - P(AC) + P(ABC)$$

$$= \frac{1}{3} + \frac{1}{3} + \frac{1}{3} - \frac{1}{8} - 0 - \frac{1}{8} + 0 = \frac{3}{4}$$

【例8】 已知 $P(\bar{A}) = 0.5, P(\bar{A}B) = 0.2, P(B) = 0.4$，求：

(1) $P(AB)$；

(2) $P(\bar{A}\bar{B})$。

解 (1) 由题意，有
$$P(\bar{A}B) = P(B - A) = P(B) - P(AB) = 0.2, P(B) = 0.4$$
所以
$$P(AB) = 0.4 - 0.2 = 0.2$$

(2) 因为
$$P(A) = 1 - P(\bar{A}) = 1 - 0.5 = 0.5, P(AB) = 0.2$$
所以
$$P(A \cup B) = P(A) + P(B) - P(AB) = 0.5 + 0.4 - 0.2 = 0.7$$
再由对偶律，得
$$P(\bar{A}\bar{B}) = P(\overline{A \cup B}) = 1 - P(A \cup B) = 1 - 0.7 = 0.3$$

【例9】 在所有的两位数 $10 \sim 99$ 中任取一个数，求这个数能被 2 或 5 整除的概率。

解 设 A 表示事件"取出的数能被 2 整除"，B 表示"取出的数能被 5 整除"，则 $A \cup B$ 表示"取出的数能被 2 或 5 整除"，而 AB 表示"取出的数能同时被 2 和 5 整除"，即"取出的数能被 10 整除"，易知
$$P(A) = \frac{45}{90}, P(B) = \frac{18}{90}, P(AB) = \frac{9}{90}$$

因此由概率的加法公式，得
$$P(A \cup B) = P(A) + P(B) - P(AB) = \frac{45}{90} + \frac{18}{90} - \frac{9}{90} = \frac{3}{5}$$

【例10】 设 A, B, C 为三个事件，且 $AB \subset C$。试证明 $P(A) + P(B) - P(C) \leqslant 1$。

证明 由 $AB \subset C$，得
$$P(AB) \leqslant P(C)$$
又因为
$$P(A \cup B) = P(A) + P(B) - P(AB)$$
所以

$$P(A) + P(B) - P(C) \leqslant P(A \cup B) \leqslant 1$$

1.3 古典概型与几何概型

概率的公理化定义只规定了概率必须满足的条件,并没有给出计算概率的方法和公式,概率的统计定义也仅给出了概率的近似计算方法。一般情况下,要想给出概率的计算方法和公式是比较困难的。本节将讨论一类最简单、最常见的随机试验,它曾是概率论发展初期的主要研究对象。

1.3.1 古典概型

如果随机试验 E 满足下列条件,则称试验 E 为古典概型(或等可能概型)。
(1) 有限性,即样本空间中样本点的个数是有限个。
(2) 等可能性,即每个样本点出现的可能性相等。

古典概型在概率论中具有非常重要的地位,不仅因为它简单、直观,易于理解,同时也因为它包含了很多实际问题,有着广泛的应用。

设随机试验 E 的样本空间为 $\Omega = \{e_1, e_2, \cdots, e_n\}$,由于 $\{e_1\}, \{e_2\}, \cdots, \{e_n\}$ 两两互斥,且 $\Omega = \{e_1\} \cup \{e_2\} \cup \cdots \cup \{e_n\}$,则根据概率的性质,得
$$1 = P(\Omega) = P(\{e_1\}) + P(\{e_2\}) + \cdots + P(\{e_n\}) = nP(\{e_i\})(i=1,2,\cdots,n)$$
即
$$P(\{e_i\}) = \frac{1}{n}(i=1,2,\cdots,n)$$

若事件 A 包含 k 个基本事件,即
$$A = \{e_{i_1}\} \cup \{e_{i_2}\} \cup \cdots \cup \{e_{i_k}\}$$
其中 $i_1, i_2, \cdots, i_k$ 为 $1, 2, \cdots, n$ 中的某 k 个数,从而有
$$P(A) = P(\{e_{i_1}\}) + P(\{e_{i_2}\}) + \cdots + P(\{e_{i_k}\}) = \frac{k}{n}$$
即
$$P(A) = \frac{A \text{ 中包含的基本事件}}{\Omega \text{ 中包含的基本事件}} \tag{1.1}$$

公式(1.1)就是计算古典概型的公式,常用到排列组合的知识以及加法原理、乘法原理。

【例 11】 一个袋子中装有 10 个大小相同的球,其中 3 只黑球,7 只红球:
(1) 从袋中任取一球,求这个球是黑球的概率;

(2) 从袋中任取两球,求刚好一个黑球一个红球的概率以及两个球都是黑球的概率。

解 设 A 表示"任取一球为黑球",B 表示"任取两球,刚好一黑球一红球",C 表示"两个球均为黑球"。

(1) 基本事件总数 $n = C_{10}^1 = 10$,则

A 包含的基本事件数为
$$k = C_3^1 = 3$$

所以
$$P(A) = \frac{C_3^1}{C_{10}^1} = \frac{3}{10}$$

(2) 基本事件总数 $n_1 = C_{10}^2$,则

B 包含的基本事件数为
$$k_1 = C_3^1 C_7^1$$

C 包含的基本事件数为
$$k_2 = C_3^2$$

所以
$$P(B) = \frac{C_3^1 C_7^1}{C_{10}^2} = \frac{21}{45} = \frac{7}{15}, P(C) = \frac{C_3^2}{C_{10}^2} = \frac{3}{45} = \frac{1}{15}$$

【**例 12**】 用 $0 \sim 5$ 这六个数字排成三位数,求:

(1) 没有相同数字的三位数的概率;

(2) 没有相同数字的三位偶数的概率。

解 设 A 表示"没有相同数字的三位数",B 表示"没有相同数字的三位偶数",则基本事件总数为 $n = 5 \times 6 \times 6 = 180$。

(1) 事件 A 包含的基本事件数为
$$k_1 = C_5^1 C_5^1 C_4^1 = 5 \times 5 \times 4 = 100$$

则
$$P(A) = \frac{100}{180} = \frac{5}{9}$$

(2) 事件 B 包含的基本事件数为
$$k_2 = C_4^1 C_4^1 C_2^1 + C_5^1 C_4^1 = 4 \times 4 \times 2 + 5 \times 4 = 52$$

则
$$P(B) = \frac{52}{180} = \frac{13}{45}$$

【**例 13**】 袋中有 a 个白球和 b 个黑球,每次不放回地从袋中任取一球,连续

取 $k(k \leqslant a+b)$ 次,求第 k 次取得白球的概率。

解 设 A_k 表示"第 k 次取得白球",由于取球与顺序有关,所以基本事件的总数为

$$n = A_{a+b}^k = (a+b)(a+b-1)\cdots(a+b-k+1)$$

由于第 k 次取得的白球可以是 a 个白球中的任何一个,所以有 a 种取法,其余 $(k-1)$ 个球可在前 $(k-1)$ 次取球中顺次地从 $(a+b-1)$ 个球中任意取出,所以事件 A_k 包含的基本事件数为

$$k = A_{a+b-1}^{k-1} \cdot C_a^1 = (a+b-1)(a+b-2)\cdots(a+b-k+1) \cdot a$$

则

$$P(A_k) = \frac{(a+b-1)(a+b-2)\cdots(a+b-k+1) \cdot a}{(a+b)(a+b-1)\cdots(a+b-k+1)} = \frac{a}{a+b}$$

注:这个结果与 k 无关,即取得白球的概率与顺序无关。这表明抓阄的结果是公平的。

【例 14】 (分房模型)设有 k 个不同的球,每个球等可能地落入 N 个盒子中 $(k \leqslant N)$,设每个盒子容纳球的数量无限。求下列事件的概率:

(1) 某指定的 k 个盒子中各有一球;

(2) 某指定的一个盒子恰有 m 个球 $(m \leqslant N)$;

(3) 某指定的一个盒子没有球;

(4) 恰有 k 个盒子中各有一球;

(5) 至少有两个球在同一个盒子中;

(6) 每个盒子至多有一个球。

解 基本事件总数为 $n = N^k$,设(1)~(6)中的各事件分别为 $A_1, \cdots, A_6$,则

(1) $k_{A_1} = k!$,所以 $P(A_1) = \dfrac{k_{A_1}}{n} = \dfrac{k!}{N^k}$;

(2) $k_{A_2} = C_k^m (N-1)^{k-m}$,所以 $P(A_2) = \dfrac{C_k^m (N-1)^{k-m}}{N^k}$;

(3) $k_{A_3} = (N-1)^k$,所以 $P(A_3) = \dfrac{(N-1)^k}{N^k}$;

(4) $k_{A_4} = C_N^k k! = A_N^k$,所以 $P(A_4) = \dfrac{A_N^k}{N^k}$;

(5) $k_{A_5} = N^k - A_N^k!$,所以 $P(A_5) = \dfrac{N^k - A_N^k}{N^k} = 1 - P(A_4)$;

(6) $k_{A_6} = C_N^k k!$,所以 $P(A_6) = P(A_4) = \dfrac{A_N^k}{N^k}$。

"分房模型"可应用于很多类似场合。

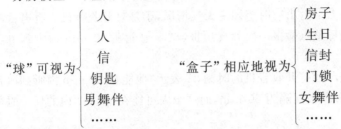

分房问题的应用:

【**例 15**】 生物系二年级有 $n(n<365)$ 个人,求至少有两个人生日相同(设为事件 A)的概率。

解 本题中的人可视为"球",365 天视为 365 个"盒子"。设 A 为"至少有两个人生日相同",则 $\bar{A}$ 为"n 个人的生日均不相同",相当于"各个盒子至多有一个球",由【例 14】中(6)得,$P(\bar{A}) = \dfrac{C_{365}^{n} \cdot n!}{365^{n}}$,故 $P(A) = 1 - P(\bar{A}) = 1 - \dfrac{C_{365}^{n} \cdot n!}{365^{n}}$。

当 $n=64$ 时,得 $P(A) \approx 0.997$,可见,当班级人数超过 64 人时,就会至少有两人生日相同。

1.3.2 几何概型

古典概型考虑的是有限等可能结果的概率模型,实际问题中还有很多试验结果是等可能的,但所有可能结果却有无穷多个,对于这类随机试验,古典概型显然是不适用的。因此,把古典概型的定义予以推广就得到了几何概型。一般地,若随机试验满足以下两条性质,则称此试验为几何概型。

(1) 样本空间中样本点的个数是无限多个,且样本空间是几何空间中的一个有限区域(即可度量的)。

(2) 样本点发生的可能性是相等的,即样本点落在某个子区域内的概率只与该区域的度量大小成正比,而与该区域的位置、性质无关。

设 Ω 为一个可度量的几何图形(线段、平面图形、空间立体图形),向 Ω 中随机投掷一点,即 Ω 为样本空间,事件 A 表示所投掷点落在 Ω 的可度量的图形 A 中,于是得

$$P(A) = \frac{L(A)}{L(\Omega)}$$

其中，L 表示几何度量，即长度、面积或体积等。

【例 16】 某人早上出门时想知道天气情况，于是打开收音机收听电台的天气预报，已知电台每整点播报一次天气预报，试求他能在 20 min 内听到电台天气预报的概率。

解 设 x 表示他打开收音机的时刻，A 表示"他能在 20 min 内听到电台天气预报"，由于两次预报间隔为 60 min，而这个人可能在 $(0,60)$ 内的任一时刻打开收音机，则
$$\Omega=\{x\mid 0<x<60\},A=\{x\mid 40<x<60\}\subset\Omega$$
于是
$$P(A)=\frac{L(A)}{L(\Omega)}=\frac{60-40}{60}=\frac{1}{3}$$

【例 17】 （约会问题）甲、乙两人相约在 9：00 ~ 10：00 之间在某地会面，先到者等候另一人 15 min，过时不候，如果两人在指定的一小时内任意时刻到达，求两人能够会面的概率。

解 设 x,y 分别表示甲、乙到达指定地点的时刻，则样本空间为
$$\Omega=\{(x,y)\mid 0\leqslant x\leqslant 60,0\leqslant y\leqslant 60\}$$
设 A 表示"两人能会面"，则
$$A=\{(x,y)\mid |x-y|\leqslant 15,(x,y)\in\Omega\}$$
两人能会面的区域如图 1.7 阴影部分所示，于是
$$P(A)=\frac{L(A)}{L(\Omega)}=\frac{60^2-45^2}{60^2}=\frac{7}{16}$$

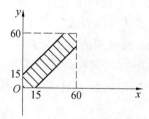

图 1.7

1.4 条件概率

1.4.1 条件概率

随机事件中,某些事件的发生往往会对其他相关事件的发生产生影响。考虑某个事件 A,其发生的概率为 $P(A)$,如果我们知道另一相关事件 B 已经发生了,那么我们应该利用这一新的信息重新计算事件 A 的概率,这就引出了条件概率的定义。

【例 18】 投掷一枚骰子,观察其出现的点数,设事件 A 为"出现 2 点",事件 B 为"出现偶数点",求已知事件 B 发生的条件下事件 A 发生的概率。

解 样本空间 $\Omega=\{1,2,3,4,5,6\}$,由于事件 B 已经发生了,所以样本空间缩减为 $\Omega_B=\{2,4,6\}$,从而

$$P(A|B)=\frac{1}{3}$$

可见

$$P(A|B)\neq P(A)$$

又因为

$$P(AB)=P(A)=\frac{1}{6}, P(B)=\frac{1}{3}$$

所以

$$P(A|B)=\frac{P(AB)}{P(B)}$$

事实上,这个结果具有一般性,可以作为条件概率的定义。

定义 1 设 A,B 是两个事件,且 $P(B)>0$,称

$$P(A|B)=\frac{P(AB)}{P(B)} \tag{1.2}$$

为事件 B 发生的条件下事件 A 发生的条件概率。相应地,把 $P(A)$ 称为无条件概率。

注: $P(A)$ 表示"A 发生"的概率,而 $P(A|B)$ 表示在事件 B 发生的条件下,事件 A 发生的条件概率。计算 $P(A)$ 时是在整个样本空间 Ω 上,考察事件 A 发生的概率,而计算 $P(A|B)$ 时,实际上是局限于在事件 B 发生的范围内,即把样本空间缩小为 Ω_B,来考察事件 A 发生的概率,一般地,$P(A|B)\neq P(A)$。

易证,条件概率满足概率定义中的三个条件,即

(1) 非负性:对任一事件 A,有 $0 \leqslant P(A|B) \leqslant 1$。

(2) 规范性:$P(\Omega|B)=1$。

(3) 可列可加性:设 $A_1, A_2, \cdots$ 是两两互斥的事件,则有

$$P(\bigcup_{i=1}^{\infty} A_i | B) = \sum_{i=1}^{\infty} P(A_i | B)$$

由此可知,条件概率也具有概率的其他一切性质,例如:

$$P(\Phi|B) = 1$$

$$P(\bar{A}|B) = 1 - P(\bar{A}|B)$$

$$P(A_1 \bigcup A_2 | B) = P(A_1|B) + P(A_2|B) - P(A_1 A_2|B)$$

注:计算 $P(A|B)$ 的方法通常有以下两种:

(1) 在样本空间 Ω 中,先求出 $P(B)$ 和 $P(AB)$,再由 $P(A|B) = \dfrac{P(AB)}{P(B)}$ 求得。

(2) 由已知事件 B 发生所提供的信息,将原来的样本空间 Ω 缩减为新的样本空间 Ω_B(即事件 B 所含基本事件的全体),然后在 Ω_B 中直接计算 A 发生的概率,即得 $P(A|B)$。

【例 19】 设 100 件产品中有 70 件一等品、20 件二等品和 10 件次品。规定一、二等品均为合格品。现从 100 件产品中任意抽取一件,假设每件产品被抽到的可能性是相同的,求:

(1) 抽到的产品是一等品的概率;

(2) 已知抽到的产品是合格品的条件下,产品是一等品的概率。

解 设 A 表示"抽到的产品是一等品",B 表示"抽到的产品是合格品"。

(1) 由于 100 件产品中有 70 件一等品,按古典概型计算得

$$P(A) = \frac{70}{100} = \frac{7}{10}$$

(2) 由题意知,原来的样本空间 Ω 所含样本点总数为 100,由于 B 已经发生了,所以缩减了的样本空间中含有样本点的个数为 90,其中含有一等品 70 件,故所求概率为

$$P(A|B) = \frac{70}{90} = \frac{7}{9}$$

注:$P(A)$ 是整批产品中的一等品率,而 $P(A|B)$ 是合格品中的一等品率,两者是两个不同的概念。

【例 20】 某品牌灯泡使用到 1 万小时的概率为 0.9,使用到 3 万小时的概率

为 0.4,一盏该品牌灯泡已使用 1 万小时,试问这盏灯泡不能使用 3 万小时的概率为多少?

解 设 A 表示"使用到 3 万小时",B 表示"使用到 1 万小时",则所求概率为 $P(\bar{A}|B)$。由于 $AB=A$,且 $P(B)=0.9, P(AB)=P(A)=0.4$,由条件概率的定义得

$$P(A|B)=\frac{P(AB)}{P(B)}=\frac{0.4}{0.9}=\frac{4}{9}$$

故

$$P(\bar{A}|B)=1-P(A|B)=\frac{5}{9}$$

1.4.2 乘法公式

在有些随机试验中,某些条件概率比较容易计算,所以我们可以通过条件概率来计算事件的积事件的概率,这就是乘法公式。

定理 1 若 $P(A)>0$,则有

$$P(AB)=P(A)P(B|A) \tag{1.3}$$

若 $P(B)>0$,则有

$$P(AB)=P(B)P(A|B) \tag{1.4}$$

本定理由条件概率的定义可直接得出,证明略。

式(1.3)和式(1.4)称为概率的乘法公式。

推论 1 若 $P(A_1 A_2 \cdots A_n)>0$,则有

$$P(A_1 A_2 \cdots A_n)=P(A_1)P(A_2|A_1)P(A_3|A_1 A_2)\cdots P(A_n|A_1 A_2 \cdots A_{n-1}) \tag{1.5}$$

证明 由于 $A_1 \supset A_1 A_2 \supset \cdots \supset A_1 A_2 \cdots A_n$,则

$$P(A_1) \geqslant P(A_1 A_2) \geqslant \cdots \geqslant P(A_1 A_2 \cdots A_n)>0$$

所以等式右端有意义。又因为

$$P(A_1)P(A_2|A_1)P(A_3|A_1 A_2)\cdots P(A_n|A_1 A_2 \cdots A_{n-1})$$
$$=P(A_1) \cdot \frac{P(A_1 A_2)}{P(A_1)} \cdot \frac{P(A_1 A_2 A_3)}{P(A_1 A_2)} \cdot \cdots \cdot \frac{P(A_1 A_2 \cdots A_n)}{P(A_1 A_2 \cdots A_{n-1})}$$
$$=P(A_1 A_2 \cdots A_n)$$

故式(1.5)成立。

【例 21】 一个袋子中装有 10 个大小相同的球,其中 4 个红球、6 个黑球,先后从袋中不放回地随机抽取两球,求两次取到的均为红球的概率。

解 设 A_i 表示"第 $i(i=1,2)$ 次取到红球",则 $A_1 A_2$ 表示"两次均取到红

球",由已知

$$P(A_1) = \frac{4}{10}, P(A_2 \mid A_1) = \frac{3}{9}$$

于是由乘法公式得

$$P(A_1 A_2) = P(A_1) P(A_2 \mid A_1) = \frac{4}{10} \times \frac{3}{9} = \frac{2}{15}$$

【例 22】 某工厂生产的玻璃杯,第一次落下时打破的概率为 $\frac{1}{2}$,若第一次落下未打破,则第二次落下打破的概率为 $\frac{7}{10}$,若前两次落下均未打破,则第三次落下打破的概率为 $\frac{9}{10}$。求玻璃杯落下 3 次而未打破的概率。

解 设 A_i 表示"玻璃杯第 $i(i=1,2,3)$ 次落下打破", B 表示"玻璃杯三次落下未打破",则 $B = \bar{A}_1 \bar{A}_2 \bar{A}_3$,所以

$$P(B) = P(\bar{A}_1 \bar{A}_2 \bar{A}_3) = P(\bar{A}_1) P(\bar{A}_2 \mid \bar{A}_1) P(\bar{A}_3 \mid \bar{A}_1 \bar{A}_2)$$
$$= (1 - \frac{1}{2})(1 - \frac{7}{10})(1 - \frac{9}{10}) = \frac{3}{200}$$

1.4.3 全概率公式和贝叶斯公式

在概率论中,计算比较复杂事件的概率往往比较困难,这时,我们常将一个复杂事件分解成若干个互斥的简单事件的和,分别计算这些简单事件的概率,再利用概率的可加性求得复杂事件的概率,这就是全概率公式。

定理 2 (全概率公式)设 $B_1, B_2, \cdots, B_n$ 为随机试验 E 的样本空间 Ω 的一个划分,且 $P(B_i) > 0 (i=1,2,\cdots,n)$, A 是 E 的任一事件,则有

$$P(A) = \sum_{i=1}^{n} P(B_i) \cdot P(A \mid B_i) \tag{1.6}$$

证明 因为 $B_1, B_2, \cdots, B_n$ 为 Ω 的一个划分,所以

$$A = A\Omega = A(B_1 \cup B_2 \cup \cdots \cup B_n) = AB_1 \cup AB_2 \cup \cdots \cup AB_n$$

由已知 $P(B_i) > 0 (i=1,2,\cdots,n)$ 及 $(AB_i)(AB_j) = \Phi (i \neq j)$,得

$$P(A) = P(AB_1) + P(AB_2) + \cdots + P(AB_n)$$
$$= P(B_1) \cdot P(A \mid B_1) + P(B_2) P(A \mid B_2) + \cdots + P(B_n) P(A \mid B_n)$$
$$= \sum_{i=1}^{n} P(B_i) \cdot P(A \mid B_i)$$

式(1.6)称为全概率公式。

注:事实上,从证明过程中可见,定理条件若改为 $A \subset \bigcup_{i=1}^{n} B_i, B_i B_j = \Phi(i \neq j)$,且 $P(B_i) > 0 (i=1,2,\cdots,n)$,则结论仍然成立。

【例 23】 袋中有 a 只白球和 b 只黑球,从中不放回地依次抽取两球,求第二次取得黑球的概率。

解 设 A_i 表示"第 $i(i=1,2)$ 次取到黑球",显然,第一次取得黑球的事件 A_1 和第一次取得白球的事件 $\bar{A}_1$ 构成样本空间 Ω 的一个划分,由全概率公式得

$$P(A_2) = P(A_1)P(A_2|A_1) + P(\bar{A}_1)P(A_2|\bar{A}_1)$$
$$= \frac{b}{a+b} \cdot \frac{b-1}{a+b-1} + \frac{a}{a+b} \cdot \frac{b}{a+b-1}$$
$$= \frac{b}{a+b}$$

此结果表明,第二次取得黑球的概率与第一次取得黑球的概率相同,这再次证明了日常生活中的抓阄方法是公平的。同理,可以证明第 k 次取得黑球的概率也与第一次取得黑球的概率相同 $(k \leqslant a+b)$。

【例 24】 人们为了了解一只股票在未来某段时间内价格的变化趋势,往往会分析影响股票价格的因素,例如银行定期存款利率的变化。现假设在未来某段时间内利率下调的概率为 70%,利率不变的概率为 30%。根据经验,在利率下调的情况下,该股票价格上涨的概率为 80%,在利率不变的情况下,其价格上涨的概率为 40%。求该股票在这段时间内价格上涨的概率。

解 设 A 表示"股票价格上涨",B 表示"利率下调",$\bar{B}$ 表示"利率不变",由已知得

$$P(B) = 0.7, P(\bar{B}) = 0.3, P(A|B) = 0.8, P(A|\bar{B}) = 0.4$$

由全概率公式得

$$P(A) = P(B)P(A|B) + P(\bar{B})P(A|\bar{B})$$
$$= 0.7 \times 0.8 + 0.3 \times 0.4 = 0.68$$

1.4.4 贝叶斯公式

全概率公式解决问题是借助于一个完备事件组 $B_1, B_2, \cdots, B_n$ 来计算某一事件 A 发生的概率。我们可以把 A 看成一个"结果",而把完备事件组 $B_1, B_2, \cdots, B_n$ 看成导致这一结果的不同原因,$P(B_i)(i=1,2,\cdots,n)$ 是各种原因发生的概率,通常是在"结果"发生之前就已经明确的,有时可以从以往的经验中得

到,称为先验概率。若"结果"A 发生之后,再来考虑各种原因发生的概率 $P(B_i|A)(i=1,2,\cdots,n)$,则它较先验概率得到了进一步的修正,称为后验概率。

定理 3 （贝叶斯公式）设事件 $B_1,B_2,\cdots,B_n$ 为随机试验 E 的一个完备事件组,且 $P(B_i)>0(i=1,2,\cdots,n)$,对任一事件 A,如果 $P(A)>0$,则

$$P(B_i|A)=\frac{P(B_i)P(A|B_i)}{\sum_{j=1}^{n}P(B_j)P(A|B_j)} \quad (i=1,2,\cdots,n) \tag{1.7}$$

式(1.7)称为贝叶斯(Bayes)公式,也称逆概率公式。

证明　由条件概率的定义、乘法公式和全概率公式得

$$P(B_i|A)=\frac{P(AB_i)}{P(A)}=\frac{P(B_i)P(A|B_i)}{\sum_{j=1}^{n}P(B_j)P(A|B_j)} \quad (i=1,2,\cdots,n)$$

【例 25】　发报机分别以概率 0.7 和 0.3 发出信号 0 和 1。由于通信系统受到干扰,当发出信号 0 时,接收机不一定收到 0,而是以概率 0.8 和 0.2 收到信号 0 和 1;同样地,当发报机发出信号 1 时,接收机以概率 0.9 和 0.1 收到信号 1 和 0。当接收机收到信号 0 时,求发报机确实发出信号 0 的概率。

解　设 A 表示事件"接收机收到信号 0",B 表示事件"发报机发出信号 0",则 $\bar{B}$ 表示事件"发报机发出信号 1",因此 $B\cup\bar{B}=\Omega$,$B\bar{B}=\Phi$,于是由贝叶斯公式得

$$P(B|A)=\frac{P(B)P(A|B)}{P(B)P(A|B)+P(\bar{B})P(A|\bar{B})}$$

$$=\frac{0.7\times 0.8}{0.7\times 0.8+0.3\times 0.1}$$

$$=0.949$$

【例 26】　用某种医疗仪器诊断肝癌,$P(A|C)=0.999$,$P(\bar{A}|\bar{C})=0.99$。其中 C 表示事件"被检查者确实患有肝癌",A 表示"该仪器显示被检查者患有肝癌",又设在自然人群中 $P(C)=0.0004$。现在若某人被该仪器诊断为患有肝癌,求此人确实患有肝癌的概率。

解　由贝叶斯公式得

$$P(C|A)=\frac{P(C)P(A|C)}{P(C)P(A|C)+P(\bar{C})P(A|\bar{C})}$$

$$= \frac{0.0004 \times 0.999}{0.0004 \times 0.999 + 0.9996 \times 0.01}$$
$$= 0.038$$

乍看起来,这种仪器似乎很不错,"精确度"相当高。但是经过计算后验概率知道,并不能只依靠这种仪器来诊断肝癌,因为当该仪器显示被检查者患有肝癌时,他真正患有肝癌的概率却很小,还不到4%。这个例子告诉我们,在许多问题中,后验概率的计算相当重要。

1.5 事件的独立性

一般情况下,$P(B) \neq P(B|A)$,这表明事件 A 的发生对事件 B 发生的概率产生了影响,即事件 A 与事件 B 是有关联的。但在很多实际问题中,经常也会遇到两个事件中任何一个事件发生都不会对另一个事件发生的概率产生影响。换言之,事件 A 与事件 B 之间存在着某种"独立性",此时 $P(B)=P(B|A)$,因此乘法公式可化为

$$P(AB) = P(A)P(B|A) = P(A)P(B)$$

由此,得到事件独立性的概念。

1.5.1 两个事件的独立性

定义 2 若事件 A 与事件 B 满足
$$P(AB) = P(A)P(B) \tag{1.8}$$
则称事件 A 与事件 B 相互独立。

注:两事件互斥与相互独立是完全不同的两个概念,它们分别从不同的角度描述了两个事件的某种关系。互斥表示在一次随机试验中两个事件不能同时发生,而相互独立表示在一次随机试验中某一事件是否发生与另一事件是否发生互不影响。

两事件相互独立的性质:

性质 1 两事件 A 与 B 相互独立是相互对称的,即若 A 与 B 相互独立,则 B 与 A 相互独立。

由定义易证明(略)。

性质 2 必然事件 Ω 及不可能事件 Φ 与任何事件相互独立,即若 $P(A)=0$ 或 1,则 A 与任意事件相互独立。

证明 直观上理解,必然事件 Ω 和不可能事件 Φ 的发生与否都是完全确定

的,它们不受任何事件的影响,也不会影响任何事件的发生与否。

若 $P(A)=0$,由 $AB \subset A$,得
$$0 \leqslant P(AB) \leqslant P(A)=0$$
从而
$$P(AB)=0$$
且 $P(A)P(B)=0$,所以
$$P(AB)=P(A)P(B)$$
即 A 与 B 相互独立。

$P(A)=1$,则 $P(\bar{A})=0$,而 $\bar{A}B \subset \bar{A}$,故 $P(\bar{A}B)=0$,注意到
$$B=AB \cup \bar{A}B$$
利用有限可加性得
$$P(B)=P(AB)+P(\bar{A}B)=P(AB)$$
所以
$$P(AB)=1 \times P(B)=P(A)P(B)$$
即 A 与 B 相互独立。

性质3 若 $P(A)>0$,则 A 与 B 相互独立的充要条件为 $P(B)=P(B|A)$;若 $P(B)>0$,则 A 与 B 相互独立的充要条件为 $P(A)=P(A|B)$。

证明 (以第一种情形为例)若 A 与 B 相互独立,则
$$P(AB)=P(A)P(B)$$
由乘法公式 $P(AB)=P(A)P(B|A)$,得
$$P(A)P(B)=P(A)P(B|A)$$
故当 $P(A)>0$ 时,有
$$P(B)=P(B|A)$$
反之,若 $P(B)=P(B|A)$,则由乘法公式得
$$P(AB)=P(A)P(B|A)=P(A)P(B)$$
所以 A 与 B 相互独立。

性质4 若 $P(A)>0,P(B)>0$,则"事件 A 与事件 B 相互独立"和"事件 A 与事件 B 互斥"不能同时成立。

证明 若 A 与 B 相互独立,因为 $P(A)>0,P(B)>0$,所以 $P(AB)=P(A)P(B)>0$;若 A 与 B 互斥,则 $AB=\Phi,P(AB)=0$,矛盾,则 A 与 B 不互斥。

反之,若 A 与 B 互斥,则 $AB=\Phi$,所以 $P(AB)=0$,而 $P(A)>0,P(B)>0$,所以 $P(AB) \neq P(A)P(B)$,故 A 与 B 不相互独立。

性质5 四对事件：A 与 B，$\bar{A}$ 与 B，A 与 $\bar{B}$，$\bar{A}$ 与 $\bar{B}$，任何一对相互独立，则其他三对也相互独立。

证明 设 A 与 B 相互独立，则 $P(AB)=P(A)P(B)$，注意到 $AB \subset B$，所以

$$P(\bar{A}B)=P(B-AB)=P(B)-P(AB)=P(B)-P(A)P(B)$$
$$=[1-P(A)]P(B)=P(\bar{A})P(B)$$

故事件 $\bar{A}$ 与 B 相互独立。

同理可证，A 与 $\bar{B}$，$\bar{A}$ 与 $\bar{B}$ 也相互独立。

【例27】 掷一枚均匀的骰子，设事件 A 表示"出现的点数小于 4"，事件 B 表示"出现的点数小于 3"，事件 C 表示"出现的点数为奇数"，讨论 A 与 C，B 与 C 的独立性。

解 由已知

$$P(A)=\frac{3}{6}=\frac{1}{2},P(B)=\frac{2}{6}=\frac{1}{3},P(C)=\frac{3}{6}=\frac{1}{2}$$

所以

$$P(A)P(C)=\frac{1}{2}\times\frac{1}{2}=\frac{1}{4},P(B)P(C)=\frac{1}{3}\times\frac{1}{2}=\frac{1}{6}$$

又因为

$$P(AC)=\frac{2}{6}=\frac{1}{3},P(BC)=\frac{1}{6}$$

所以

$$P(AC)\neq P(A)P(C),P(BC)=P(B)P(C)$$

故 A 与 C 不相互独立，而 B 与 C 相互独立。

注：在实际问题中，往往根据问题的实际意义去判断两事件是否独立。若事件 A 与 B 之间没有关联或者关联很弱，则认为它们是相互独立的。例如，甲、乙两人向同一目标射击，设 A 表示"甲命中"，B 表示"乙命中"，显然"甲命中"并不影响"乙命中"的概率，故 A 与 B 是相互独立的。

【例28】 甲、乙两人独立地向同一目标射击，他们的命中率分别为 0.8 和 0.7，求每人射击一次后，目标被击中的概率。

解 设 A 表示"甲击中目标"，B 表示"乙击中目标"，C 表示"目标被击中"，则

$$P(A)=0.8,P(B)=0.9$$

因此

$P(C) = P(A \cup B) = P(A) + P(B) - P(AB) = P(A) + P(B) - P(A)P(B)$
$= 0.8 + 0.7 - 0.8 \times 0.7 = 0.94$

1.5.2 多个事件的独立性

独立性的概念可以推广到三个及三个以上事件的情形。

定义 3 设 A, B, C 为三个事件,若满足等式：
$$\begin{cases} P(AB) = P(A)P(B) \\ P(AC) = P(A)P(C) \\ P(BC) = P(B)P(C) \end{cases} \quad (1.9)$$

则称事件 A, B, C 两两相互独立。

若同时满足：
$$P(ABC) = P(A)P(B)P(C)$$

则称事件 A, B, C 相互独立。

注：若 A, B, C 相互独立,则 A, B, C 两两独立,反之不真。

定义 4 设 n 个事件 $A_1, A_2, \cdots, A_n$,若对任意的 $k(2 \leqslant k \leqslant n)$ 和任意一组数 $1 \leqslant i_1 < i_2 < \cdots < i_k \leqslant n$,均有
$$P(A_{i_1} A_{i_2} \cdots A_{i_k}) = P(A_{i_1}) P(A_{i_2}) \cdots P(A_{i_k})$$

成立,则称这 n 个事件 $A_1, A_2, \cdots, A_n$ 是相互独立的。

多个相互独立的事件具有下列性质：

性质 1 若事件 $A_1, A_2, \cdots, A_n (n \geqslant 2)$ 相互独立,则其中任意 $k(2 \leqslant k \leqslant n)$ 个事件也相互独立。

性质 2 若事件 $A_1, A_2, \cdots, A_n (n \geqslant 2)$ 相互独立,则将 $A_1, A_2, \cdots, A_n$ 中任意 $m(1 \leqslant m \leqslant n)$ 个事件换成它们的对立事件,所得的 n 个事件仍相互独立。

【例 29】 对同一目标进行三次射击,第一、二、三次射击的命中率分别是 0.4, 0.6, 0.7,求在三次射击中恰有一次命中的概率。

解 设 A_i 表示"第 $i(i = 1, 2, 3)$ 次命中",A 表示"恰有一次命中",则
$$A = A_1 \bar{A}_2 \bar{A}_3 \cup \bar{A}_1 A_2 \bar{A}_3 \cup \bar{A}_1 \bar{A}_2 A_3$$

显然,$A_1 \bar{A}_2 \bar{A}_3, \bar{A}_1 A_2 \bar{A}_3, \bar{A}_1 \bar{A}_2 A_3$ 这三个事件是两两互斥的,且 A_1, A_2, A_3 是相互独立的,故

$P(A) = P(A_1 \bar{A}_2 \bar{A}_3) + P(\bar{A}_1 A_2 \bar{A}_3) + P(\bar{A}_1 \bar{A}_2 A_3)$
$= P(A_1) P(\bar{A}_2) P(\bar{A}_3) + P(\bar{A}_1) P(A_2) P(\bar{A}_3) + P(\bar{A}_1) P(\bar{A}_2) P(A_3)$

$$= P(A_1)[1-P(A_2)][1-P(A_3)] + [1-P(A_1)]P(A_2)[1-P(A_3)] +$$
$$[1-P(A_1)][1-P(A_2)]P(A_3)$$
$$= 0.4 \times 0.4 \times 0.3 + 0.6 \times 0.6 \times 0.3 + 0.6 \times 0.4 \times 0.7$$
$$= 0.324$$

【例 30】 设每个人的血清中含肝炎病毒的概率为 0.4%,求来自不同地区的 100 个人的血清混合液中含有肝炎病毒的概率。

解 设 A 表示"这 100 个人的血清混合液中含有肝炎病毒",A_i 表示"第 i ($i=1,2,\cdots,100$) 个人的血清中含有肝炎病毒",则 $A = \bigcup_{i=1}^{100} A_i$,显然 $A_1, A_2, \cdots, A_{100}$ 是相互独立的,所以

$$P(A) = 1 - \prod_{i=1}^{100}[1-P(A_i)] = 1-(1-0.004)^{100} \approx 0.33$$

注:若 B_n 表示 n 个人的血清混合液中含有肝炎病毒,则

$$P(B_n) = 1-(1-\varepsilon)^n, \quad 0<\varepsilon<1, \quad n=1,2,\cdots$$

于是 $\lim_{n\to\infty} P(B_n) = 1$,这告诉我们不能忽视小概率事件,小概率事件迟早要发生。

1.5.3 伯努利概型

设随机试验只有两个可能结果,即事件 A 发生或事件 $\bar{A}$ 不发生,这样的试验称为伯努利(Bernoulli)试验。记 $P(A)=p, P(\bar{A})=1-p=q(0<p<1, p+q=1)$。

将同一试验重复进行 n 次,如果每次试验中各结果发生的概率互不影响,则称这 n 次试验为 n 重独立重复试验。将伯努利试验在相同条件下独立地重复进行 n 次,则称这样的试验为 n 重伯努利试验(或伯努利概型)。

定理 2 (伯努利定理)设在一次试验中,事件 A 发生的概率为 $p(0<p<1)$,则在 n 重伯努利试验中事件 A 恰好发生 k 次的概率为

$$P_n(k) = C_n^k p^k q^{n-k} \quad (p+q=1, k=0,1,\cdots,n)$$

证明 设 A_i 表示"事件 A 在第 $i(i=1,2,\cdots,n)$ 次试验中发生",则 $P(A_i)=p, P(\bar{A_i})=1-p=q$,$B_k$ 表示"事件 A 恰好发生 k 次",则 B_k 为下列 C_n^k 个两两互斥事件的和:

$$A_{i_1}, A_{i_2}, \cdots, A_{i_k}; \bar{A}_{j_1}, \bar{A}_{j_2}, \cdots, \bar{A}_{j_{n-k}}$$

其中,$i_1, i_2, \cdots, i_k$ 是取遍 $1, 2, \cdots, n$ 中的任意 k 个数(共有 C_n^k 种取法),j_1,

$j_2,\cdots,j_{n-k}$ 是取走 $i_1,i_2,\cdots,i_k$ 后剩下的 $(n-k)$ 个数，则由独立性得

$$P(A_{i_1}A_{i_2}\cdots A_{i_k}\bar{A}_{j_1}\bar{A}_{j_2}\cdots \bar{A}_{j_{n-k}})$$
$$=P(A_{i_1})P(A_{i_2})\cdots P(A_{i_k})P(\bar{A}_{j_1})P(\bar{A}_{j_2})\cdots P(\bar{A}_{j_{n-k}})$$
$$=p^k q^{n-k}$$

所以

$$B(k;n,p)=P(B_k)=C_n^k p^k q^{n-k} \quad (k=0,1,2,\cdots,n) \qquad (1.10)$$

式(1.10)通常称为二项概率公式。

【例31】 盒子中有10个同型号的灯泡，其中有3个次品、7个合格品。每次从中有放回地随机抽取一个进行检测：

(1) 共抽取 10 次，求 10 次中"恰有 3 次取到次品"和"能取到次品"的概率；

(2) 如果没取到次品就一直取下去，直到取到次品为止，求"恰好要取 3 次"和"至少要取 3 次"的概率。

解 设 A_i 表示"第 $i(i=1,2,\cdots)$ 次取到次品"，则

$$P(A_i)=\frac{3}{10} \quad (i=1,2,\cdots)$$

(1) 设 A 表示"恰有 3 次取到次品"，B 表示"能取到次品"，则有

$$P(A)=C_{10}^3\left(\frac{3}{10}\right)^3\left(1-\frac{3}{10}\right)^{10-3}\approx 0.266\,8$$

$$P(B)=1-P(\bar{B})=1-C_{10}^0\left(\frac{3}{10}\right)^0\left(1-\frac{3}{10}\right)^{10}\approx 0.971\,8$$

(2) 设 C 表示"恰好要取 3 次"，D 表示"至少要取 3 次"，则有

$$P(C)=P(\bar{A}_1\bar{A}_2 A_3)=P(\bar{A}_1)P(\bar{A}_2)P(A_3)=\left(1-\frac{3}{10}\right)^2\left(\frac{3}{10}\right)=0.147$$

$$P(D)=P(\bar{A}_1\bar{A}_2)=P(\bar{A}_1)P(\bar{A}_2)=\left(1-\frac{3}{10}\right)^2=0.49$$

【例32】 一条成虫一次可以产下 3 个卵，如果每个卵能孵化成幼虫的概率都是 0.9，求：

(1) 一条成虫产卵一次最多能孵化出一条幼虫的概率 α；

(2) 一条成虫产卵一次最少能孵化出一条幼虫的概率 β。

解 显然，各个卵能否孵化成幼虫是相互独立的，且每个卵能孵化成幼虫的概率相同，所以可以将其看作 $n=3,p=0.9$ 的伯努利概型，令 B_0 表示 3 个卵均未能孵化成幼虫，B_1 表示有一个卵能孵化成幼虫，于是

$$\alpha=P(B_0\bigcup B_1)=P(B_0)+P(B_1)=0.1^3+C_3^1\times 0.9\times 0.1^2=0.028$$

$$\beta = P(\overline{B_0}) = 1 - P(B_0) = 1 - 0.1^3 = 0.999$$

习题 1

1. 写出下列随机试验的样本空间：

(1) 口袋中装有 10 个小球，其中 6 个白球、4 个红球，分别标为 1～10 号，从中任取一球，观察球的号数；

(2) 掷两枚骰子，分别观察其出现的点数；

(3) 一人射靶 3 次，观察其中靶次数；

(4) 将 1 m 长的尺子折成 3 段，观察各段长度。

2. 随机点 x 落在区间 $[a,b]$ 上这一事件，记作 $\{x \mid a \leqslant x \leqslant b\}$，设 $\Omega = \{-\infty < x < +\infty\}$，$A = \{x \mid 0 \leqslant x \leqslant 2\}$，$B = \{x \mid 1 \leqslant x \leqslant 3\}$，则下述运算分别表示什么事件：

(1) $A \cup B$；

(2) AB；

(3) $\overline{A}$；

(4) $\overline{AB}$。

3. 用三个事件 A, B, C 的运算表示下列事件：

(1) A, B, C 中只有 A 发生；

(2) A, B, C 中至少有一个发生；

(3) A, B, C 中至少有两个发生；

(4) A, B, C 中不多于两个发生；

(5) A 不发生，但是 B, C 中至少有一个发生；

(6) A, B, C 中恰好有一个发生；

(7) A, B, C 中恰好有两个发生；

(8) A, B, C 中不多于一个发生。

4. 下列等式是否成立？若不成立，请写出正确结果。

(1) $A \cup B = \overline{A}B \cup B$；

(2) $A = AB \cup A\overline{B}$；

(3) $A - B = A\overline{B}$；

(4) $(AB)(\overline{AB}) = \Phi$;

(5) $(A-B) \cup B = A$;

(6) $(A \cup B) - B = A$。

5. 已知 $P(A)=0.4, P(\overline{AB})=0.2, P(\overline{ABC})=0.1$,求 $P(A \cup B \cup C)$。

6. 已知 $P(A)=0.4, P(B)=0.25, P(A-B)=0.25$,求 $P(AB), P(A \cup B)$, $P(B-A), P(\overline{AB})$。

7. 在书架上任意放上 20 本不同的书,求其中指定的两本放在首尾的概率。

8. 设 A,B 是两个事件,且 $P(A)=0.6, P(B)=0.7$。

(1) 问在什么条件下 $P(AB)$ 达到最大值,最大值是多少?

(2) 问在什么条件下 $P(AB)$ 达到最小值,最小值是多少?

9. 设有 N 件产品,其中有 M 件次品,今从中任取 n 件,问其中恰有 $m(m \leqslant M)$ 件次品的概率是多少?

10. 一辆飞机场的交通车载有 25 名乘客,途径 9 个站点,每位乘客都等可能地在 9 个站点中任意一站下车,交通车只有在乘客下车时才停车,求下列事件的概率:

(1) 交通车在第 i 站停车;

(2) 交通车在第 i 站和第 j 站至少有一站停车;

(3) 在第 i 站有三人下车;

11. 两封信随机地投入 4 个邮筒,求前两个邮筒没有信以及第一个邮筒内只有一封信的概率。

12. 设 A,B 为两个随机事件,已知 A 和 B 至少有一个发生的概率为 $\frac{1}{3}$,A 发生且 B 不发生的概率为 $\frac{1}{9}$,求 B 发生的概率。

13. 在 100 件产品中有 5 件是次品,每次从中随机地抽取 1 件,取后不放回,问第三次才取到次品的概率是多少?

14. 加工某一零件共需经过 3 道工序。设第一、二、三道工序的次品率分别是 2%,3%,5%,假定各道工序互不影响,求加工出来的零件的次品率。

15. 假定有两箱同种零件,第一箱内装 50 件,其中 10 件是一等品;第二箱内装 30 件,其中 18 件是一等品。现从两箱中随机地取出一箱,然后从该箱中取两次零件,每次随机地取出一个零件,取出的零件均不放回:

(1) 求第一次取出的零件是一等品的概率;

(2) 求在第一次取出的零件是一等品的条件下,第二次取出的零件是一等品的概率。

16. 一个家庭中有两个小孩:

(1) 已知其中一个是女孩,求另外一个也是女孩的概率;

(2) 已知第一胎是女孩,求第二胎也是女孩的概率。

17. 某商店成箱出售玻璃杯,每箱 20 只,假定各箱中有 0,1,2 只残次品的概率分别为 0.8,0.1,0.1。一个顾客购买时,售货员随机地取出一箱,而顾客随机地察看该箱中的 4 只玻璃杯,若无残次品,则购买该箱玻璃杯;否则退回:

(1) 求顾客买下该箱玻璃杯的概率;

(2) 求顾客买下的一箱中确实没有残次品的概率。

18. 12 个乒乓球中有 9 个新球和 3 个旧球。第一次比赛,取出三个球,用完以后放回去;第二次比赛又从中取了三个球:

(1) 求第二次取出的 3 个球中有 2 个新球的概率;

(2) 若第二次取出的 3 个球中有 2 个新球,求第一次取到的 3 个球中恰有 1 个新球的概率。

19. 有两个口袋,甲袋中装有两个白球、一个黑球;乙袋中装有一个白球、两个黑球。由甲袋中任取一球放入乙袋,再从乙袋中取出一球:

(1) 求取到的是白球的概率;

(2) 若发现乙袋中取到的是白球,问从甲袋中取出放入乙袋中的球是哪种颜色的可能性比较大?

20. 三人独立地去破译一份密码,已知每个人能译出的概率分别为 $\frac{1}{5}$,$\frac{1}{3}$,$\frac{1}{4}$,问三人中至少有一个人能将此密码译出的概率是多少?

21. 高射炮向敌机发射三发炮弹(每弹击中与否相互独立),设每发炮弹击中敌机的概率均为 0.3。又知若敌机中一弹,其坠落的概率为 0.2;若敌机中两弹,其坠落的概率为 0.6;若敌机中三弹则坠落。

(1) 求敌机被击落的概率;

(2) 若敌机被击落,求它中两弹的概率。

22. 一批产品中有 30% 的一级品,进行重复抽样调查,共取 5 个样品:

(1) 求取出的 5 个样品中恰有 2 个一级品的概率;

(2) 求取出的 5 个样品中至少有 2 个一级品的概率。

23. 一射手射击的命中率为 0.6，现独立地射击 10 次，求至少命中目标 2 次的概率。

24. 在 4 重伯努利试验中，已知事件 A 至少出现一次的概率为 0.5，求在一次试验中事件 A 发生的概率。

第 2 章 随机变量及其概率分布

在随机试验中,我们用随机事件来表述试验的各种结果,用随机事件的概率来度量各种结果出现的可能性的大小。给定一个事件,就对应一个概率值,因此样本空间和实数集就存在某种映射关系。由于试验结果的多样性,我们需要将试验结果量化,从而建立样本空间与实数集之间的映射关系,以便利用微积分的理论来研究随机事件。为更好地揭示随机现象的规律性并利用数学工具描述其规律,有必要引入随机变量来描述随机试验的不同结果。随机变量概念的引入是概率论发展史上的重大事件,它使得概率论与微积分等其他数学学科有机地结合起来,促进了概率论的飞速发展。

2.1 随机变量及其分布函数

在许多随机试验中,试验的结果本身就是由数量来表示的。例如,掷一枚骰子出现的点数;一段时间内,电话交换台收到的呼叫次数;天气的温度;机器零件的寿命等。然而,也有一些试验结果与数值之间并无关联,但是可以人为地指定一个数量来表示。例如,射击一目标,规定击中对应数"1",未击中对应数"0";从装有红球、黑球、白球的盒子中随机取一球,观察球的颜色,规定取出红球为 1,取出黑球为 2,取出白球为 3。总之,无论怎样的试验结果都可以用一个或几个变量来表示,而这种数值变量的取值同随机事件一样具有随机性,因此将其称为随机变量。

2.1.1 随机变量

定义 1 设 Ω 是随机试验 E 的样本空间,若对任意的 $\omega \in \Omega$,都存在唯一的实数 $X(\omega)$ 与之对应,则称 $X(\omega)$ 为 Ω 上的随机变量。

随机变量常用大写字母 $X, Y, Z, \cdots$ 或小写希腊字母 $\xi, \eta, \zeta, \cdots$ 表示,而它的取值常用小写字母 $x, y, z, \cdots$ 来表示。

随机变量是 $\Omega \to R$ 上的映射,此映射具有如下特点。

(1) 定义域:样本空间 Ω。

(2) 随机性：随机变量的可能取值不止一个，试验前只能预知它的可能取值，但不能预知取哪个值。

(3) 概率特性：X 以一定的概率取某个值。

(4) 引入随机变量后，可用随机变量的等式或不等式表达随机事件，例如，$X > 100$ 表示"某天 $9:00 \sim 10:00$ 接到电话次数超过 100 次"这一事件。

(5) 随机变量的函数一般也是随机变量。

(6) 可根据随机事件定义随机变量。

设 A 为随机事件，则称

$$X_A = \begin{cases} 1, & \omega \in A \\ 0, & \omega \in \bar{A} \end{cases}$$

为事件 A 的示性函数。

(7) 在同一个样本空间中可以同时定义多个随机变量，例如：

$$\Omega = \{儿童的发育情况 \ \omega\}$$

$X(\omega)$ 表示身高，$Y(\omega)$ 表示体重，$Z(\omega)$ 表示头围

各随机变量之间可能有一定的关系，也可能没有关系——即相互独立。

随机变量根据其取值特点可以分为离散型随机变量和非离散型随机变量，而非离散型随机变量范围非常广，其中最重要也是实际应用最多的一类随机变量是连续型随机变量。本书仅讨论离散型随机变量和连续型随机变量。

引入随机变量以后，任何随机现象都可用随机变量来描述，因此可以借助微积分的理论将概率问题讨论到底，从而使概率论的理论更加完善。

2.1.2 随机变量的分布函数

人们不仅关心随机变量的取值，同时更加关注其取值的随机性规律，这一规律称为随机变量的分布，亦称概率分布。而分布函数是刻画随机变量的分布的主要工具之一，它完全能够反映随机变量的分布，下面给出随机变量分布函数的定义。

定义 2 设 X 为随机变量，x 是任意实数，称函数

$$F(x) = P(X \leqslant x), \quad -\infty < x < +\infty \tag{2.1}$$

为 X 的分布函数。

注：随机变量的分布和分布函数是两个不同的概念。前者是指随机变量取值的随机性规律，是随机变量的一种性质；而后者则是描述这种性质的一个函数，即描述这种性质的一个特殊工具。另外，分布函数是一个普通的函数，所以，

我们可以借助数学分析的方法来研究随机变量。$F(x)$ 的特殊性在于,如果将 X 看作数轴上随机点的坐标,则 $F(x)$ 在 x 处的函数值就表示随机点 X 落在区间 $(-\infty, x]$ 上的概率。

对于任意实数 $a, b(a < b)$,由于
$$\{a < X \leqslant b\} = \{X \leqslant b\} - \{X \leqslant a\}$$
且
$$\{X \leqslant a\} \subset \{X \leqslant b\}$$
所以
$$P(a < X \leqslant b) = P(X \leqslant b) - P(X \leqslant a) = F(b) - F(a)$$

由此可知,可以通过随机变量 X 的分布函数求出 X 落在任一区间 $(a, b]$ 上的概率,这表明分布函数能够完整地描述随机变量的统计规律性。

分布函数 $F(x)$ 具有如下性质。

(1) 单调不减:对任意的 $x_1 < x_2$,有 $F(x_1) \leqslant F(x_2)$。

(2) 有界性:对任意实数 x,都有 $0 \leqslant F(x) \leqslant 1$ 且
$$F(+\infty) = \lim_{x \to +\infty} F(x) = 1, \quad F(-\infty) = \lim_{x \to -\infty} F(x) = 0$$

(3) 右连续:对任意实数 x_0,有
$$F(x_0 + 0) = \lim_{x \to x_0 + 0} F(x) = F(x_0)$$

用分布函数表示概率:
$$P(a < X \leqslant b) = F(b) - F(a)$$
$$P(X > a) = 1 - P(X \leqslant a) = 1 - F(a)$$
$$P(X = a) = F(a) - F(a - 0)$$

【例1】 设随机变量 X 的分布函数为
$$F(x) = A + B \arctan x \quad (-\infty < x < +\infty)$$

(1) 求系数 A 和 B;

(2) 求 X 落在区间 $(-1, 1]$ 内的概率。

解 (1) 由分布函数 $F(x)$ 的性质(3) 得
$$\begin{cases} F(+\infty) = A + B(\frac{\pi}{2}) = 1 \\ F(-\infty) = A + B(-\frac{\pi}{2}) = 0 \end{cases}$$

解得
$$A = \frac{1}{2}, B = \frac{1}{\pi}$$

(2) 由(1)知 $F(x) = \dfrac{1}{2} + \dfrac{1}{\pi}\arctan x \quad (-\infty < x < +\infty)$

则
$$P(-1 < x \leqslant 1) = F(1) - F(-1)$$
$$= \left[\dfrac{1}{2} + \dfrac{1}{\pi}\arctan 1\right] - \left[\dfrac{1}{2} + \dfrac{1}{\pi}\arctan(-1)\right]$$
$$= \dfrac{1}{2}$$

【例 2】 设随机变量 X 的分布函数为
$$F(x) = \begin{cases} c & x < -1 \\ \dfrac{1}{8} & x = -1 \\ ax + b & -1 < x < 1 \\ 1 & x \geqslant 1 \end{cases}$$

又已知 $P(X=1) = \dfrac{1}{4}$，试求 a,b,c 的值。

解 由 $F(-\infty) = 0$，得
$$c = 0$$
由 $F(-1+0) = F(-1)$，得
$$b - a = \dfrac{1}{8}$$
由 $P(X=1) = F(1) - F(1-0)$，得
$$1 - (b+a) = \dfrac{1}{4}$$
由以上两式可得
$$a = \dfrac{5}{16}, b = \dfrac{7}{16}$$

2.2 离散型随机变量及其概率分布

2.2.1 离散型随机变量及其分布律

定义 3 若随机变量 X 的可能取值是有限个或可列无穷多个，则称 X 为离散型随机变量。

对于离散型随机变量 X，仅仅知道它的可能取值是不够的，我们更关心的是

它取各个值的概率。通常用分布律来表示其概率分布。

定义 4 设 X 是离散型随机变量，它的所有可能取值为 $x_k(k=1,2,\cdots)$，$P(X=x_k)=p_k, k=1,2,\cdots$ 称为 X 的分布律或分布列。

也可以用表 2.1 形式表示。

表 2.1

X	x_1	x_2	$\cdots$	x_k	$\cdots$
P	p_1	p_2	$\cdots$	p_k	$\cdots$

或
$$X \sim \begin{bmatrix} x_1 & x_2 & \cdots & x_k & \cdots \\ p_1 & p_2 & \cdots & p_k & \cdots \end{bmatrix}$$

分布律有如下性质。

(1) 非负性：$p_k \geqslant 0, k=1,2,\cdots$。

(2) 规范性：$\sum\limits_{k=1}^{\infty} p_k = 1$。

注：若某一数列具有以上两条性质，则其可作为某一随机变量的分布律。

【例 3】 设某产品分为四个等级：一、二、三等品和次品，这四种等级的产品所占的比例分别为 $60\%, 20\%, 15\%, 5\%$，现任取一件产品，设

$$X = \begin{cases} 0, & \text{取到次品} \\ 1, & \text{取到一等品} \\ 2, & \text{取到二等品} \\ 3, & \text{取到三等品} \end{cases}$$

则 X 的分布律见表 2.2。

表 2.2

X	0	1	2	3
P	0.05	0.15	0.20	0.60

2.2.2 离散型随机变量分布律与分布函数的关系

$F(x)$ 是分段阶梯函数，在 X 的可能取值 x_k 处发生间断，间断点为第一类跳跃间断点，在间断点处有跃度 p_k。

$$F(x) = P(X \leqslant x) = P(\bigcup_{x_k \leqslant x}(X=x_k)) = \sum_{x_k \leqslant x} P(X=x_k) = \sum_{x_k \leqslant x} p_k$$

$$p_k = P(X=x_k) = F(x_k) - F(x_{k-1})$$

其中 $x_{k-1} < x_k$。

【例 4】 设随机变量 X 的分布律见表 2.3。

表 2.3

X	1	2	3	4
P	0.1	0.3	0.2	0.4

试求 X 的分布函数,并画出图像。

解 当 $x<1$ 时,因为 X 不取小于 1 的数,所以事件 $\{X\leqslant x\}$ 为不可能事件,于是有

$$F(x)=P(X\leqslant x)=\sum_{x_k\leqslant x}P(X=x_k)=\sum_{x_k\leqslant x}p_k=0$$

当 $1\leqslant x<2$ 时,事件 $\{X\leqslant x\}=\{X=1\}$,则

$$F(x)=P(X\leqslant x)=P(X=1)=0.1$$

当 $2\leqslant x<3$ 时,则

$$F(x)=P(X\leqslant x)=P(X=1)+P(X=2)=0.4$$

当 $3\leqslant x<4$ 时,则

$$F(x)=P(X\leqslant x)=P(X=1)+P(X=2)+P(X=3)=0.6$$

当 $x\geqslant 4$ 时,则

$$F(x)=P(X\leqslant x)=P(X=1)+P(X=2)+P(X=3)+P(X=4)=1$$

从而随机变量 X 的分布函数为

$$F(x)=\begin{cases}0, & x<1 \\ 0.1, & 1\leqslant x<2 \\ 0.4, & 2\leqslant x<3 \\ 0.6, & 3\leqslant x<4 \\ 1, & x\geqslant 4\end{cases}$$

其图像如图 2.1 所示。

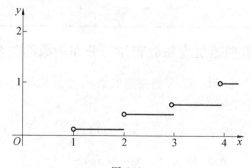

图 2.1

【例 5】 设从学校到火车站有三个设有红绿灯的路口,设在每个路口是否

遇到红灯相互独立,且遇到红灯的概率均为 0.5。设 X 为遇到红灯前已通过的路口个数,求:

(1) X 的分布律;

(2) 分布函数 $F(x)$;

(3) 概率 $P(2 \leqslant X \leqslant 3)$。

解 设 A_i 表示"第 $i(i=1,2,3)$ 个路口遇到红灯",则 A_1, A_2, A_3 相互独立,且 $P(A_i) = P(\bar{A}_i) = \dfrac{1}{2}(i=1,2,3)$。

(1)
$$P(X=0) = P(A_1) = \frac{1}{2}$$

$$P(X=1) = P(\bar{A}_1 A_2) = P(\bar{A}_1)P(A_2) = \frac{1}{2^2}$$

$$P(X=2) = P(\bar{A}_1 \bar{A}_2 A_3) = P(\bar{A}_1)P(\bar{A}_2)P(A_3) = \frac{1}{2^3}$$

$$P(X=3) = P(\bar{A}_1 \bar{A}_2 \bar{A}_3) = P(\bar{A}_1)P(\bar{A}_2)P(\bar{A}_3) = \frac{1}{2^3}$$

所以 X 的分布律见表 2.4

表 2.4

X	0	1	2	3
P	$\dfrac{1}{2}$	$\dfrac{1}{2^2}$	$\dfrac{1}{2^3}$	$\dfrac{1}{2^3}$

(2) 分布函数 $F(x)$ 为

$$F(x) = \begin{cases} 0, & x < 0 \\ \dfrac{1}{2}, & 0 \leqslant x < 1 \\ \dfrac{1}{2}+\dfrac{1}{4}=\dfrac{3}{4}, & 1 \leqslant x < 2 \\ \dfrac{1}{2}+\dfrac{1}{4}+\dfrac{1}{8}=\dfrac{7}{8}, & 2 \leqslant x < 3 \\ \dfrac{1}{2}+\dfrac{1}{4}+\dfrac{1}{8}+\dfrac{1}{8}=1, & x \geqslant 3 \end{cases}$$

(3)
$$P(2 \leqslant X \leqslant 3) = P(x=2) + P(2 < X \leqslant 3)$$
$$= P(x=2) + F(3) - F(2)$$
$$= \frac{1}{8} + 1 - \frac{7}{8} = \frac{1}{4}$$

或
$$P(2 \leqslant X \leqslant 3) = P(x=2) + P(2 < X \leqslant 3)$$
$$= F(2) - F(1) + F(3) - F(2)$$
$$= F(3) - F(1)$$
$$= 1 - \frac{3}{4}$$
$$= \frac{1}{4}$$

还可由分布律直接得
$$P(2 \leqslant X \leqslant 3) = P(x=2) + P(X=3) = \frac{1}{8} + \frac{1}{8} = \frac{1}{4}$$

2.2.3 几个常见的离散型随机变量及其分布

1. 0-1 分布（或两点分布）

若随机变量 X 只可能取 0 和 1 两个值，且其分布律为
$$P(X=k) = p^k q^{1-k}, 0 < p < 1, q = 1-p, k = 0,1$$
则称 X 服从参数为 p 的 0-1 分布（或两点分布），记作 $X \sim B(1,p)$。

【例 6】 一个盒子中有 4 个白球和 6 个黑球，现从中随机地抽取一个，若规定：
$$X = \begin{cases} 1, & \text{取到白球} \\ 0, & \text{取到黑球} \end{cases}$$
则
$$P(X=1) = \frac{4}{10} = 0.4, P(X=0) = \frac{6}{10} = 0.6$$

因此，X 服从参数为 0.4 的 0-1 分布。

0-1 分布虽然很简单，但应用却很广泛。一般地，若随机试验只有两个对立的结果，即使有多个结果，而我们只关心事件是否发生，那么就可用 0-1 分布来描述。

应用场合：凡试验只有两个结果，常用 0-1 分布描述，如产品是否合格、人口性别统计、系统是否正常、电力消耗是否超标、机器是否发生故障等。

2. 二项分布

n 重伯努利试验中，X 是事件 A 在 n 次试验中发生的次数，$P(A)=p$，若

$$P_n(k) = P(X=k) = C_n^k p^k (1-p)^{n-k}, \quad k=0,1,\cdots,n$$

则称 X 服从参数为 n,p 的二项分布,记作 $X \sim B(n,p)$。

注:$0-1$ 分布是 $n=1$ 的二项分布。

【例7】 某一家庭有 4 口人,设生日在一月的人数为 X,求随机变量 X 的分布律。

解 由已知 $X \sim B(4, \frac{1}{12})$,于是

$$P(X=k) = C_4^k \left(\frac{1}{12}\right)^k \left(1-\frac{1}{12}\right)^{4-k}, k=0,1,\cdots,4$$

由此计算 X 的分布律,见表 2.5。

表 2.5

X	0	1	2	3	4
P	0.706 1	0.256 8	0.035 0	0.002 1	0.000 0

考察计算结果,当 k 增加时,概率 $P(X=k)$ 先是单调增加,直到达到最大值,然后单调减少。一般地,对固定的 n 和 p,二项分布 $B(n,p)$ 都具有这一特性。

【例8】 设 100 件产品中有 5 件次品,现从中有放回地取 3 次,每次任取一件,求所取的 3 件产品中恰有 2 件次品的概率。

解 设 X 为所取 3 件产品中的次品数。因为是有放回地抽取,所以这 3 次试验的条件完全相同且独立,因此是伯努利试验。根据题意,每次试验取到次品的概率为 0.05,故 $X \sim B(3,0.05)$,因此所求概率为

$$P(X=2) = C_3^2 (0.05)^2 (1-0.05) = 0.007\ 125$$

注:将本题中的"有放回"改为"无放回",则各次试验条件就不相同了,所以就不再是伯努利概型,可用古典概型求解。

二项分布是离散型分布中应用十分广泛的重要分布。很多随机现象都可以用二项分布来描述。例如,有 n 台机床同时工作,每台机床需要照看的概率为 p,设 X 为一小时内同时需要照看的机床数,则 $X \sim B(n,p)$。二项分布还可应用在保险和产品安检等行业。

3. 泊松分布

若随机变量 X 的分布律为

$$P(X=k) = \frac{\lambda^k}{k!} e^{-\lambda}, \lambda > 0, k=0,1,2,\cdots$$

则称 X 服从参数为 λ 的泊松分布,记作 $X \sim P(\lambda)$。

实际问题中,经常遇见服从泊松分布的随机变量。例如,一天内某卖场的顾客数;一批布上的疵点个数;某医院一天内急诊病人数;某地区一年内发生交通事故的次数等。

【例9】 某公交车终点站中每辆进站车的载客数 X 服从参数为 10 的泊松分布。求某辆到达终点站的车内有 5 个人的概率。

解 由题意知 $X \sim P(10)$,故所求概率为

$$P(X=5) = \frac{10^5}{5!} e^{-10} = 0.0378$$

【例10】 某地区一年沙尘暴出现的次数 X 服从参数为 3 的泊松分布。求:
(1) 一年发生 5 次沙尘暴的概率;
(2) 一年最多发生 5 次沙尘暴的概率。

解 (1) 根据题意得

$$P(X=k) = \frac{3^k}{k!} e^{-3}, \lambda > 0, k = 0, 1, 2, \cdots$$

由于泊松分布表给出的是 $P(X \leqslant x)$ 的值,因此

$P(X=5) = P(X \leqslant 5) - P(X \leqslant 4) = 0.9161 - 0.8153 = 0.1008$

(2) $P(X \leqslant 5) = 0.9161$

历史上,泊松分布是作为二项分布的近似,它是由法国数学家泊松于 1837 年提出来的。下面给出二项分布中当 $n(n \geqslant 10)$ 很大且 $p(p \leqslant 0.1)$ 很小时的近似计算公式,即著名的二项式分布的泊松定理。

定理 1(泊松定理) 设 $np_n = \lambda > 0$,则对固定的非负整数 k,有

$$\lim_{n \to \infty} C_n^k p_n^k (1-p_n)^{n-k} = e^{-\lambda} \frac{\lambda^k}{k!}, k = 0, 1, 2, \cdots$$

即二项分布的极限分布是泊松分布。

证明略。

【例11】 某工厂生产一批产品共 300 件。根据资料表明废品率为 0.01。求这 300 件产品经检验废品数大于 5 的概率是多少?

解 设 X 表示"检验出的废品数",由题意知 $X \sim B(300, 0.01)$,这里 $n = 300, p = 0.01, \lambda = np = 3$,由泊松定理知

$$P(X > 5) = \sum_{k=6}^{300} C_{300}^k 0.01^k 0.99^{300-k}$$

$$= 1 - \sum_{k=0}^{5} C_{300}^k 0.01^k 0.99^{300-k}$$

$$\approx 1 - \sum_{k=0}^{5} \frac{3^k}{k!} e^{-3}$$
$$= 1 - 0.9160$$
$$= 0.0840$$

2.3 连续型随机变量及其概率分布

离散型随机变量的特点是取有限个值或者可列无穷多个值,而另一类随机变量的取值却可以充满某个区间。例如,灯泡的使用寿命,某城市一天内的气温,人类的身高和体重等。它的取值无法一一列出,故不能用分布律的方法来描述。因此,本节引入连续型随机变量及其密度函数的定义。

2.3.1 连续型随机变量及其概率密度

定义 5　对于随机变量 X 的分布函数 $F(x)$,若存在非负可积函数 $f(x)$,使得对于任意的实数 x,有

$$F(x) = \int_{-\infty}^{x} f(t) \mathrm{d}t$$

成立,则称 X 是连续型随机变量,$f(x)$ 称为 X 的概率密度函数,简称概率密度或密度函数。

概率密度函数 $f(x)$ 具有以下性质。

(1) 非负性:$f(x) \geqslant 0$。

(2) 规范性:$\int_{-\infty}^{+\infty} f(x) \mathrm{d}x = F(+\infty) = 1$。

常利用这两个性质检验一个函数能否作为某个连续型随机变量的密度函数。

(3) 在 $f(x)$ 的连续点处,$f(x) = F'(x)$。

(4) 对任意实数 $x_1 \leqslant x_2$,有

$$P(x_1 < X \leqslant x_2) = F(x_1) - F(x_2) = \int_{x_1}^{x_2} f(x) \mathrm{d}x$$

即 X 落在区间 $(x_1, x_2]$ 上的概率 $P(x_1 < X \leqslant x_2)$ 等于曲线 $f(x)$ 在区间 $(x_1, x_2]$ 上与 x 轴围成的曲边梯形的面积。

注:(1) 若 X 为离散型随机变量,则有

$$P(a < X \leqslant b) = \sum_{a < x_k \leqslant b} p_k$$

其中, p_k 是 X 取 x_k 的概率。

若 X 为连续型随机变量, 则有

$$P(a < X \leqslant b) = \int_a^b f(x)\mathrm{d}x = F(b) - F(a)$$

由此可见, 概率密度函数与分布律有着类似的作用, 但两者也有明显的区别。

(2) 离散型随机变量的分布函数是右连续的阶梯函数, 连续型随机变量的分布函数是连续函数。

(3) 离散型随机变量在其可能取值的点 x_k 的概率不为零, 连续型随机变量取任一实数 a 的概率为零, 即

$$P(X = a) = \int_a^a f(x)\mathrm{d}x = 0$$

故概率为零的事件未必是不可能事件; 同样, 概率为 1 的事件未必是必然事件。

(4) 连续型随机变量计算概率不计较单点值, 即

$$P(a < X \leqslant b) = P(a \leqslant X \leqslant b) = P(a < X < b) = P(a \leqslant X < b)$$

而离散型随机变量在计算概率时"点点计较"。

【例 12】 设连续型随机变量 X 的分布函数为

$$F(x) = \begin{cases} 0, & x < -1 \\ A + B\arcsin x, & -1 \leqslant x < 1 \\ 1, & x \geqslant 1 \end{cases}$$

求:

(1) 常数 A 和 B;

(2) $P(-\dfrac{1}{2} \leqslant X \leqslant \dfrac{1}{2})$;

(3) X 的密度函数。

解 (1) 因为连续型随机变量的分布函数处处连续, 所以 $F(x)$ 在 -1 和 1 处也连续, 从而

$$\begin{cases} 0 = A + B\arcsin(-1) \\ 1 = A + B\arcsin 1 \end{cases}$$

解得

$$\begin{cases} A = \dfrac{1}{2} \\ B = \dfrac{1}{\pi} \end{cases}$$

所以
$$F(x)=\begin{cases}0, & x<-1\\ \dfrac{1}{2}+\dfrac{1}{\pi}\arcsin x, & -1\leqslant x<1\\ 1, & x\geqslant 1\end{cases}$$

(2) $P(-\dfrac{1}{2}\leqslant X\leqslant \dfrac{1}{2})$
$=F(\dfrac{1}{2})-F(-\dfrac{1}{2})$
$=\left[\dfrac{1}{2}+\dfrac{1}{\pi}\arcsin\dfrac{1}{2}\right]-\left[\dfrac{1}{2}+\dfrac{1}{\pi}\arcsin(-\dfrac{1}{2})\right]$
$=\dfrac{1}{3}$

(3) $f(x)=F'(x)=\begin{cases}\dfrac{1}{\pi\sqrt{1-x^2}}, & -1<x<1\\ 0, & \text{其他}\end{cases}$

【例 13】 设连续型随机变量 X 的密度函数为
$$f(x)=\begin{cases}kx^2+1, & 0\leqslant x\leqslant 3\\ 0, & \text{其他}\end{cases}$$

求：
(1) 常数 k；
(2) 分布函数；
(3) $P(\dfrac{3}{2}\leqslant X\leqslant \dfrac{7}{2})$。

解 (1) 由密度函数的性质，得
$$1=\int_{-\infty}^{+\infty}f(x)\mathrm{d}x=\int_{0}^{3}(kx^2+1)\mathrm{d}x=(\dfrac{k}{3}x^3+x)\Big|_{0}^{3}=9k+3$$
从而
$$k=-\dfrac{2}{9}$$

(2) $F(x)=\displaystyle\int_{-\infty}^{x}f(t)\mathrm{d}t=\begin{cases}0, & x<0\\ -\dfrac{2}{27}x^3+x, & 0\leqslant x\leqslant 3\\ 1, & x>3\end{cases}$

(3) $P(\dfrac{3}{2}\leqslant X\leqslant \dfrac{7}{2})=\displaystyle\int_{\frac{3}{2}}^{\frac{7}{2}}f(x)\mathrm{d}x=\int_{\frac{3}{2}}^{3}(-\dfrac{2}{9}x^2+1)\mathrm{d}x=-\dfrac{1}{4}$

或
$$P(\frac{3}{2} \leqslant X \leqslant \frac{7}{2}) = F(\frac{7}{2}) - F(\frac{3}{2}) = 1 - \frac{5}{4} = -\frac{1}{4}$$

2.3.2 常见连续型随机变量的分布

1. 均匀分布

如果随机变量 X 的密度函数为

$$f(x) = \begin{cases} \dfrac{1}{b-a}, & a \leqslant x \leqslant b \\ 0, & 其他 \end{cases}$$

则称 X 服从区间 $[a,b]$ 上的均匀分布(uniform distribution),记作 $X \sim U[a,b]$。

X 的分布函数为

$$F(x) = \int_{-\infty}^{x} f(t) dt = \begin{cases} 0, & x < a \\ \dfrac{1}{b-a}, & a \leqslant x < b \\ 1, & x \geqslant b \end{cases}$$

均匀分布的密度函数 $f(x)$ 和分布函数 $F(x)$ 的图形分别如图 2.2 和图 2.3 所示。

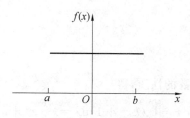

图 2.2

若 $X \sim U[a,b]$,则 X 落在 $[a,b]$ 内任一子区间 $[c,d]$ 上的概率为

$$P(c \leqslant X \leqslant d) = \int_{c}^{d} \frac{1}{b-a} dx = \frac{d-c}{b-a}$$

只与区间 $[c,d]$ 的长度有关,而与它的位置无关。这也体现了均匀分布的等可能性。

【例 14】 某机场每隔 30 min 向市区内发一辆班车,假设乘客在相邻两辆班车间 30 min 内的任一时刻到达候车处的可能性相同,求乘客候车时间不多于

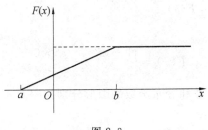

图 2.3

10 min 的概率。

解 设 X 为乘客候车时间,根据题意知 $X \sim U[0,30]$,其密度函数为

$$f(x) = \begin{cases} \dfrac{1}{30}, & 0 \leqslant x \leqslant 30 \\ 0, & \text{其他} \end{cases}$$

故所求概率为

$$P(0 \leqslant X \leqslant 10) = \int_0^{10} \frac{1}{30} \mathrm{d}x = \frac{1}{3}$$

【例 15】 设 $X \sim U[-1,7]$,求 t 的方程 $t^2 + 2Xt + 3X - 2 = 0$ 有实根的概率。

解 X 的密度函数为

$$f(x) = \begin{cases} \dfrac{1}{8}, & -1 \leqslant x \leqslant 7 \\ 0, & \text{其他} \end{cases}$$

方程有实根的充要条件是 $\Delta = (2X)^2 - 4(3X-2) \geqslant 0$,解得 $X \geqslant 2$ 或 $X \leqslant 1$,于是所求概率为

$$\begin{aligned}
& P(\{X \leqslant 1\} \cup \{X \geqslant 2\}) \\
&= P(X \leqslant 1) + P(X \geqslant 2) \\
&= \int_{-1}^{1} \frac{1}{8} \mathrm{d}x + \int_{2}^{7} \frac{1}{8} \mathrm{d}x \\
&= \frac{7}{8}
\end{aligned}$$

2. 指数分布

如果随机变量 X 的密度函数为

$$f(x) = \begin{cases} \lambda \mathrm{e}^{-\lambda x}, & x > 0 \\ 0, & x \leqslant 0 \end{cases}$$

其中,$\lambda > 0$ 为常数,则称 X 服从参数为 λ 的指数分布(exponential distribution),记作 $X \sim E(\lambda)$。

X 的分布函数为

$$F(x) = \begin{cases} 1 - e^{-\lambda x}, & x > 0 \\ 0, & x \leqslant 0 \end{cases}$$

指数分布的密度函数和分布函数的图形分别如图 2.4 和图 2.5 所示。

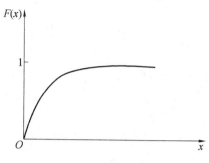

图 2.4

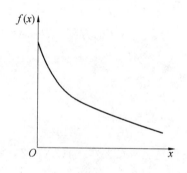

图 2.5

指数分布在实际中应用非常广泛。例如,随机服务系统中的服务时间、电话问题中的通话时间、无线电元件的寿命、动物的寿命等。

【例 16】 某人到医院看病时的排队时间 $X(\min)$ 服从参数为 2 的指数分布,求该人排队时间不超过 10 min 的概率。

解 X 的密度函数为

$$f(x) = \begin{cases} 2e^{-2x}, & x > 0 \\ 0, & x \leqslant 0 \end{cases}$$

于是所求概率为

$$P(X \leqslant 10) = \int_0^{10} 2e^{-2x} dx = 1 - e^{-20}$$

3. 正态分布

如果随机变量 X 的密度函数为

$$f(x) = \frac{1}{\sqrt{2\pi}\sigma} e^{-\frac{(x-\mu)^2}{2\sigma^2}} \quad (-\infty < x < +\infty)$$

其中,μ,σ 为常数,$\sigma > 0$,则称 X 服从参数为 μ,σ^2 的正态分布(亦称高斯分布),记作 $X \sim N(\mu,\sigma^2)$。

X 的分布函数为

$$F(x) = \frac{1}{\sqrt{2\pi}\sigma} \int_{-\infty}^{x} e^{-\frac{(t-\mu)^2}{2\sigma^2}} dt \quad (-\infty < x < +\infty)$$

正态分布的密度函数和分布函数的图形分别如图 2.6 和图 2.7 所示。

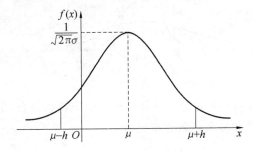

图 2.6

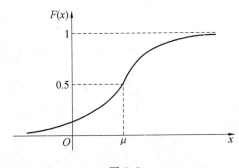

图 2.7

正态分布的密度函数 $f(x)$ 有如下性质。

(1) 密度函数的图形呈倒悬钟形,并以 x 为水平渐近线。

(2) 曲线 $f(x)$ 关于直线 $x = \mu$ 对称,即

$$f(\mu + x) = f(\mu - x)$$

且在 $x=\mu$ 处取得最大值 $\dfrac{1}{\sqrt{2\pi}\sigma}$。

(3) 曲线 $f(x)$ 在 $(\mu\pm h)$ 处有拐点。

(4) μ 为位置参数，即固定 σ，对于不同的 μ，对应的 $f(x)$ 的形状不变化，只是位置不同；σ 为形状参数，即固定 μ，对于不同的 σ，$f(x)$ 的形状不同，如图 2.8 所示。

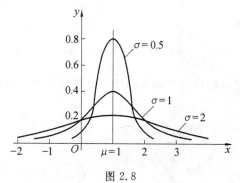

图 2.8

特别地，当 $\mu=0$，$\sigma=1$ 时的正态分布称为标准正态分布，记作 $N(0,1)$。相应的密度函数和分布函数分布记为

$$\varphi(x)=\frac{1}{\sqrt{2\pi}}\mathrm{e}^{-\frac{x^2}{2}} \quad (-\infty<x<+\infty)$$

$$\Phi(x)=\frac{1}{\sqrt{2\pi}}\int_{-\infty}^{x}\mathrm{e}^{-\frac{t^2}{2}}\mathrm{d}t \quad (-\infty<x<+\infty)$$

标准正态分布的密度函数和分布函数的图形分别如图 2.9 和图 2.10 所示。

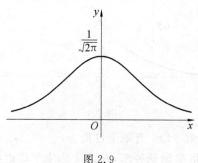

图 2.9

$\Phi(x)$ 的几何意义是图 2.10 中阴影部分的面积。利用密度函数 $\varphi(x)$ 的对称性和分布函数 $\Phi(x)$ 的概率意义，从图 2.9 可以直接得出，也容易推出以下性质。

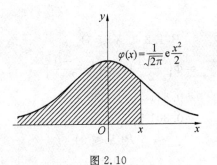

图 2.10

性质 1 $\Phi(-x) = 1 - \Phi(x)$。

证明 由于 $\varphi(x)$ 是偶函数,图形关于 y 轴对称,由图形的对称性易知
$$\Phi(-x) = 1 - \Phi(x)$$

性质 2 若 $X \sim N(\mu, \sigma^2)$,则 $Y = \dfrac{X-\mu}{\sigma} \sim N(0,1)$。

证明略。

性质 3 若 $X \sim N(\mu, \sigma^2)$,则 $F(x) = \Phi\left(\dfrac{x-\mu}{\sigma}\right)$。

证明 $F(x) = P(X \leqslant x) = P\left(\dfrac{X-\mu}{\sigma} \leqslant \dfrac{x-\mu}{\sigma}\right) = P\left(Y \leqslant \dfrac{x-\mu}{\sigma}\right) = \Phi\left(\dfrac{x-\mu}{\sigma}\right)$

因此对任意实数 $a, b (a < b)$,X 落在区间 $(a,b]$ 的概率为
$$P(a < X \leqslant b) = F(b) - F(a) = \Phi\left(\dfrac{b-\mu}{\sigma}\right) - \Phi\left(\dfrac{a-\mu}{\sigma}\right)$$

【例 17】 已知 $X \sim N(0,1)$,求概率 $P(-0.5 < X < 1.5)$。

解
$$\begin{aligned}P(-0.5 < X < 1.5) &= \Phi(1.5) - \Phi(-0.5) \\ &= \Phi(1.5) - [1 - \Phi(0.5)] \\ &= \Phi(1.5) + \Phi(0.5) - 1 \\ &= 0.9332 + 0.6915 - 1 \\ &= 0.6247\end{aligned}$$

【例 18】 已知 $X \sim N(1,4)$,求:

(1) $P(1.2 < X \leqslant 3)$;

(2) $P(X \leqslant 0)$;

(3) $P(|X| > 1)$。

解

(1)
$$P(1.2 < X \leqslant 3)$$
$$= \Phi\left(\frac{3-1}{2}\right) - \Phi\left(\frac{1.2-1}{2}\right)$$
$$= 0.8413 - 0.5398$$
$$= 0.3015$$

(2)
$$P(X \leqslant 0)$$
$$= \Phi\left(\frac{0-1}{2}\right)$$
$$= \Phi(-0.5)$$
$$= 1 - \Phi(0.5)$$
$$= 1 - 0.6915$$
$$= 0.3085$$

(3)
$$P(|X| > 1)$$
$$= 1 - P(|X| \leqslant 1)$$
$$= 1 - P(-1 \leqslant X \leqslant 1)$$
$$= 1 - \Phi\left(\frac{1-1}{2}\right) + \Phi\left(\frac{-1-1}{2}\right)$$
$$= 1 - \Phi(0) + \Phi(-1)$$
$$= 1 - \Phi(0) + 1 - \Phi(1)$$
$$= 0.6587$$

2.4 随机变量函数的分布

2.4.1 随机变量的函数

由上节的讨论知,若 $X \sim N(\mu, \sigma^2)$,则 $Y = \frac{X-\mu}{\sigma} \sim N(0,1)$,这里 Y 是 X 的函数,对于 X 的每个取值,Y 都有唯一确定的取值与之对应。因为 X 是随机变量,其取值是不确定的,所以 Y 的取值也随之不确定,因此 Y 也是随机变量。

定义 6 如果存在一个函数 $g(x)$,使得随机变量 X, Y 满足
$$Y = g(X)$$
则称随机变量 Y 是随机变量 X 的函数。

注:在概率论中,我们主要研究的是随机变量函数的概率特性,即从自变量 X 的统计规律性出发来研究因变量 Y 的统计规律性。

2.4.2 离散型随机变量函数的分布

设随机变量 X 的分布律为 $P(X=x_k)=p_k, k=1,2,\cdots$ 由已知函数可求出随机变量 Y 的所有可能值,则 Y 的概率分布为

$$P(Y=y_i) = \sum_{k:g(x_k)=y_i} p_k, \quad i=1,2,\cdots$$

【例 19】 设随机变量 X 的分布律见表 2.6。

表 2.6

X	-1	0	1	2
P	0.1	0.4	0.2	0.3

求:

(1) $Y=2X$ 的分布律;

(2) $Z=X^2+1$ 的分布律。

解 Y 的所有可能值为 $-2,0,2,4$,由 $P(Y=2k)=P(X=k)=p_k$,得 Y 的分布律,见表 2.7。

表 2.7

Y	-2	0	2	4
P	0.1	0.4	0.2	0.3

(2) Z 的所有可能值为 $1,2,5$,则

$$P(Z=1) = P(X=0) = 0.4$$
$$P(Z=2) = P(X=-1) + P(X=1) = 0.1 + 0.2 = 0.3$$
$$P(Z=5) = P(X=2) = 0.3$$

所以 Z 的分布律见表 2.8。

表 2.8

Z	1	2	5
P	0.4	0.3	0.3

【例 20】 已知随机变量 X 的分布律见表 2.9。

表 2.9

X	-2	-1	0	1	2
P	0.2	0.1	0.4	0.2	0.1

求 $Y = 3\sin(\frac{\pi}{2}X) - 1$ 的分布律。

解 将分布律中 X 的所有取值换成 Y 的相应取值，于是得表 2.10。

表 2.10

Y	-1	-4	-1	2	-1
P	0.2	0.1	0.4	0.2	0.1

再将相同取值的概率相加，即得 Y 的分布律，见表 2.11。

表 2.11

Y	-4	-1	2
P	0.1	0.7	0.2

2.4.3 连续型随机变量函数的分布

已知 X 的分布函数 $F_X(x)$ 或密度函数 $f_X(x)$，求随机变量函数 $Y = g(X)$ 的分布函数，然后求得 Y 是密度函数 $f_Y(y)$，即

$$F_Y(y) = P(Y \leqslant y) = P(g(X) \leqslant y) = P(X \in I)$$

其中，$I = \{x \mid g(x) \leqslant y\}$。

而 $P(X \in I)$ 一般可由 X 的分布函数 $F_X(x)$ 表示或密度函数 $f_X(x)$ 的积分表示，从而两边分别对 y 求导可得密度函数 $f_Y(y)$。

【例 21】 设随机变量 X 的密度函数为

$$f_X(x) = \begin{cases} \dfrac{x}{4}, & 0 < x < 2 \\ 0, & \text{其他} \end{cases}$$

求随机变量 $Y = 3X - 5$ 的密度函数。

解 设 X, Y 的分布函数分布为 $F_X(x)$ 和 $F_Y(y)$，则有

$$F_Y(y) = P(Y \leqslant y) = P(3X - 5 \leqslant y) = P(X \leqslant \frac{y+5}{3}) = F_X(\frac{y+5}{3})$$

上式两端分别对 y 求导得

$$f_Y(y) = f_X\left(\frac{y+5}{3}\right)\left(\frac{y+5}{3}\right)'$$

$$= \begin{cases} \frac{1}{4}\left(\frac{y+5}{3}\right) \times \frac{1}{3}, & 0 < \frac{y+5}{3} < 2 \\ 0, & \text{其他} \end{cases}$$

$$= \begin{cases} \frac{y+5}{36}, & -5 < y < 1 \\ 0, & \text{其他} \end{cases}$$

【例 22】 设随机变量 $X \sim N(0,1), Y = e^X$,求 Y 的密度函数。

解 设 X 和 Y 的分布函数分别为 $F_X(x)$ 和 $F_Y(y)$,则
当 $y \leqslant 0$ 时,有
$$F_Y(y) = P(Y \leqslant y) = P(e^X \leqslant y) = P(\Phi) = 0$$
当 $y > 0$ 时,有
$$F_Y(y) = P(Y \leqslant y) = P(e^X \leqslant y) = P(X \leqslant \ln y) = F_X(\ln y)$$
两端分别对 y 求导,得

$$f_Y(y) = f_X(\ln y)(\ln y)' = \begin{cases} \frac{1}{y\sqrt{2\pi}}e^{-\frac{(\ln y)^2}{2}}, & y > 0 \\ 0, & \text{其他} \end{cases}$$

【例 23】 设随机变量 $X \sim N(\mu, \sigma^2), Y = aX + b(a,b$ 为常数,$a \neq 0)$,求 Y 的密度函数。

解 当 $a > 0$ 时,有
$$F_Y(y) = P(Y \leqslant y) = P(aX + b \leqslant y) = P\left(X \leqslant \frac{y-b}{a}\right) = F_X\left(\frac{y-b}{a}\right)$$
当 $a < 0$ 时,有
$$F_Y(y) = P\left(X \geqslant \frac{y-b}{a}\right) = 1 - F_X\left(\frac{y-b}{a}\right)$$
故
$$f_Y(y) = F_Y'(y) = \begin{cases} \frac{1}{a}f_X\left(\frac{y-b}{a}\right), & a > 0 \\ -\frac{1}{a}f_X\left(\frac{y-b}{a}\right), & a < 0 \end{cases}$$
即
$$f_Y(y) = \frac{1}{|a|}f_X\left(\frac{y-b}{a}\right) = \frac{1}{\sqrt{2\pi}|a|\sigma}e^{-\frac{(y-b-a\mu)^2}{2a^2\sigma^2}}$$

因此知 $Y \sim N(a\mu+b, a^2\sigma^2)$。

特别地,若本例中取 $a = \dfrac{1}{\sigma}, b = -\dfrac{\mu}{\sigma}$,则 $Y = \dfrac{X-\mu}{\sigma} \sim N(0,1)$。

注:正态分布的线性函数仍服从正态分布。

习题 2

1. 一个袋中装有 5 个球,编号为 1,2,3,4,5。从袋中同时取 3 个球,以 X 表示取出的 3 个球中的最大号码,写出随机变量 X 的概率分布。

2. 同时抛掷 3 枚硬币,以 X 表示出现正面硬币的个数,写出 X 的概率分布。

3. 社会上定期发行某种彩票,每张 1 元,中奖率为 p。某人每次购买 1 张彩票。如果没有中奖下次再继续购买 1 张,直到中奖为止。试求该人购买次数 X 的概率分布。

4. 某篮球运动员投篮命中率为 0.9,今命他投篮 5 次,如果投中则停止投篮。如果未中则继续投篮,直到投完 5 次,求他投篮次数 X 的概率分布。

5. 一批电子元件中有 10 只合格品和 2 只废品,组装仪器时从中任取一只,若取出的为废品,则不再放回重取一只。用 X 表示在取得合格品前已取出的废品数,求 X 的分布列。

6. 袋中有标号为 $-1,1,1,2,2,2$ 的 6 个球,从中任取 1 个球,求所取得球的标号 X 的概率分布、分布函数及图形。

7. 已知随机变量 X 服从泊松分布,且 $P\{X=1\}$ 和 $P\{X=2\}$ 相等,求 $P\{X=4\}$。

8. 设随机变量 X 和 Y 分别服从 $B(2,p)$ 和 $B(4,p)$,已知 $P\{X \geq 1\} = \dfrac{5}{9}$,求 $P\{Y \geq 1\}$。

9. 某炮击中目标的概率为 0.2,现在共发射了 14 发炮弹。已知至少有两发炮弹击中目标才能摧毁它,试求摧毁目标的概率。

10. 一电话交换台每分钟的呼叫次数服从参数为 4 的泊松分布。求:
(1) 每分钟恰有 6 次呼叫的概率;
(2) 每分钟呼叫次数不超过 10 次的概率。

11. 假设有 10 台自动机床,每台机床在任一时刻发生故障的概率为 0.08,而且故障需要一个值班工人排除,问至少需要几个工人值班,才能保证有机床发生故障而不能及时排除的概率不大于 5%?

12. 某书出版数量为10 000册,因装订原因造成1册错误的概率为0.001,求这10 000册书中恰有3册有错误的概率。

13. 设某批电子管正品率为$\frac{3}{4}$,次品率为$\frac{1}{4}$,现对这批电子管进行测试,只要测得一个正品电子管就不再继续测试,试求测试次数X的概率分布。

14. 抛一枚硬币,直到正面和反面都出现过为止,求所需抛掷次数的概率分布。

15. 同时抛掷两枚骰子,直到至少有一枚骰子出现6点为止,试写出抛掷次数X的概率分布。

16. 设连续型随机变量X的概率密度为
$$f(x)=\begin{cases}k\mathrm{e}^{-3x}, & x\geqslant 0\\ 0, & x<0\end{cases}$$
试确定常数k,并求$P\{X>1\}$。

17. 已知随机变量X的分布函数为
$$F(x)=\begin{cases}0, & x<0\\ \dfrac{x^2}{4}, & 0\leqslant x<2\\ 1, & 2\leqslant x\end{cases}$$
求$P\{1<X\leqslant 2\}$。

18. 设随机变量X的分布函数为
$$F(x)=\begin{cases}0, & x\leqslant 0\\ A+B\mathrm{e}^{-\frac{x^2}{2}}, & x>0\end{cases}$$
试求:

(1) 常数A和B;

(2) 概率密度$f(x)$;

(3) X落在区间$(1,2)$内的概率。

19. 设随机变量X的分布函数为
$$F(x)=\begin{cases}0, & x<0\\ A-\mathrm{e}^{-x}, & x\geqslant 0\end{cases}$$
求:

(1) 常数A;

(2) $P\{1<X\leqslant 2\}$。

20. 设随机变量X服从$[2,5]$上的均匀分布,对X独立观察3次,求至少有

2 次观察值大于 3 的概率。

21. 设随机变量 X 的概率密度为

$$f(X) = \begin{cases} 2x, & 0 < x < 1 \\ 0, & 其他 \end{cases}$$

对 X 独立进行 n 次重复观察，用 Y 表示观察值不大于 0.1 的次数，求随机变量 Y 的概率分布。

22. 设某种型号的电子管的寿命 X(单位 h) 的概率密度为

$$f(x) = \begin{cases} \dfrac{100}{x^2}, & x > 100 \\ 0, & x \leqslant 100 \end{cases}$$

试求：

(1) 使用寿命在 150 h 以上的概率；

(2) 3 只该型号的电子管使用了 150 h 都不损坏的概率；

(3) 3 只该型号的电子管使用了 150 h 至少有一只不损坏的概率。

23. 设顾客到某银行窗口等待服务的时间 X(单位 min) 服从指数分布，其概率密度为

$$f(x) = \begin{cases} \dfrac{1}{5} e^{-\frac{x}{5}}, & x \geqslant 0 \\ 0, & x < 0 \end{cases}$$

某顾客在窗口等待服务，如果超过 10 min，他就离开。他一个月要到银行 5 次，以 Y 表示一个月内他未等到服务而离开窗口的次数，写出 Y 的概率分布，并求 $P\{Y \geqslant 1\}$。

24. 已知某批建筑材料的强度 X 服从正态分布 $N(200, 18^2)$，现从中任取 1 件：

(1) 求取到的建筑材料强度不低于 180 的概率；

(2) 如果工程要求所用材料以 99% 的概率保证强度不低于 150，问这批建筑材料是否符合要求。

25. 高等学校入学考试的数学成绩近似地服从正态分布 $N(65, 10^2)$，如果 85 分以上为优秀，问数学成绩为优秀的考生约占总人数的百分之几？

26. 设随机变量 X 服从 $[0, 5]$ 上的均匀分布，求方程 $4x^2 + 4Xx + X + 2 = 0$ 有实根的概率。

27. 设随机变量 X 服从正态分布 $N(3, 4)$，求：

(1) $P\{2 < X < 3\}$；

(2) $P\{-4 \leqslant X \leqslant 10\}$;

(3) $P\{|X| > 2\}$;

(4) $P\{X > 3\}$。

28. 已知随机变量 X 的概率分布见表 2.12。

表 2.1

X	-2	-1	0	1	2	3
P	0.1	0.2	0.25	0.2	0.15	0.1

求：

(1) $Y_1 = -2X$ 的分布列；

(2) $Y_2 = X^2$ 的分布列。

29. 设随机变量 X 的密度函数为

$$f(x) = \begin{cases} \dfrac{1}{\pi(1+x^2)}, & x \geqslant 0 \\ 0, & x < 0 \end{cases}$$

试求随机变量 $Y = \ln X$ 的概率密度。

30. 设随机变量 X 服从 $[0,1]$ 上的均匀分布。求：

(1) $Y = e^X$ 的概率密度；

(2) $Y = -2\ln X$ 的概率密度。

31. 设随机变量 X 服从参数为 $\dfrac{1}{2}$ 的指数分布，证明：$Y = 1 - e^{-2X}$ 服从 $[0,1]$ 上的均匀分布。

32. 设电流 I 是一个随机变量，它均匀分布在 $9 \sim 11$ A 之间。若此电流通过 $2\,\Omega$ 的电阻，在其上消耗的功率 $W = 2I^2$，求 W 的概率密度。

33. 公共汽车车门的高度是按男子与车门顶碰头的机会在 0.01 以下来设计的。设男子的身高 X 服从 $\mu = 170$ cm，$\sigma = 6$ cm 的正态分布，问车门的高度应该如何确定？

第 3 章　　多维随机变量及其分布

在实际问题中,试验结果有时需要同时用两个或两个以上的随机变量来描述。

例如,用温度和风力来描述天气情况;通过对含碳量、含硫量、含磷量的测定来研究钢的成分。要研究这些随机变量之间的联系,就需考虑多维随机变量及其取值规律 —— 多维分布。

3.1　二维随机变量及其分布

1. 二维随机变量

定义 1　设 Ω 为随机试验 E 的样本空间,若对 Ω 中的每个基本事件 ω,都有唯一的数组 $(X(\omega), Y(\omega))$ 与之对应,则称 $(X(\omega), Y(\omega))$ 为定义在 Ω 上的二维随机变量或二维随机向量,记作 (X, Y)。

二维随机变量 (X, Y) 的性质不仅与 X 及 Y 的性质有关,而且还依赖于这两个随机变量的相互关系。二维随机变量的概念可以推广到 n 维随机变量。

定义 2　设随机试验 E 的样本空间为 Ω,对于 Ω 中的每个基本事件 ω,都有唯一的 n 维实数组 $(X_1(\omega), X_2(\omega), \cdots, X_n(\omega))$ 与之对应,则称 $(X_1(\omega), X_2(\omega), \cdots, X_n(\omega))$ 为定义在样本空间 Ω 上的 n 维随机变量或 n 维随机向量,记作 $(X_1, X_2, \cdots, X_n)$。

2. 二维随机变量的联合分布函数

定义 3　设 (X, Y) 为二维随机变量,对任何一对实数 (x, y),事件 $(X \leqslant x) \cap (Y \leqslant y)$(记作 $(X \leqslant x, Y \leqslant y)$)的概率 $P(X \leqslant x, Y \leqslant y)$ 定义了一个二元实函数 $F(x, y)$,称为二维随机变量 (X, Y) 的联合分布函数,即

$$F(x, y) = P(X \leqslant x, Y \leqslant y)$$

(1) 联合分布函数的几何意义。

如果用平面上的点 (x, y) 表示二维随机变量 (X, Y) 的一组可能的取值,则 $F(x, y)$ 表示 (X, Y) 的取值落入图 3.1 所示阴影区域的概率。

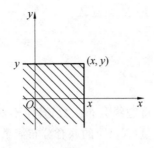

图 3.1

(2) 联合分布函数的性质。

① 对于任意实数 x,y,有
$$0 \leqslant F(x,y) \leqslant 1$$

② 对每个变量单调不减:固定 x,对任意的 $y_1 < y_2$,有
$$F(x,y_1) \leqslant F(x,y_2)$$

固定 y,对任意的 $x_1 < x_2$,有
$$F(x_1,y) \leqslant F(x_2,y)$$

③ 对于任意实数 x,y,有
$$F(-\infty,-\infty)=0, F(x,-\infty)=0, F(-\infty,y)=0, F(+\infty,+\infty)=1$$

④ 对于每个自变量是右连续,即
$$F(x_0,y_0)=F(x_0+0,y_0), F(x_0,y_0)=F(x_0,y_0+0)$$

⑤ 对于任意 $a<b,c<d$,有
$$F(b,d)-F(b,c)-F(a,d)+F(a,c) \geqslant 0$$

如果二元函数 $F(x,y)$ 满足上述5个性质,则必存在二维随机变量(X,Y)以 $F(x,y)$ 为联合分布函数。在这里值得注意的是与一维随机变量不同,刻画一个联合分布函数需要具有性质 ⑤。

【例 1】 设 $F(x,y)=\begin{cases}1, & x+y \geqslant -1 \\ 0, & x+y < -1\end{cases}$,容易验证 $F(x,y)$ 满足上述性质 ① ~ ④,但不满足性质 ⑤。因为
$$F(1,1)-F(1,-1)-F(-1,1)+F(-1,-1)=1-1-1+0<0$$
故 $F(x,y)$ 不能作为某个随机变量(X,Y)的分布函数。

3. 二维随机变量的边缘分布函数

如果二维随机变量 (X,Y) 的分布函数 $F(x,y)$ 为已知,那么随机变量 X 和 Y 的分布函数 $F_X(x)$ 和 $F_Y(y)$ 分别可由 $F(x,y)$ 求得。事实上:

$$F_X(x) = P(X \leqslant x) = P(X \leqslant x, Y < +\infty) = \lim_{y \to +\infty} P(X \leqslant x, Y \leqslant y) = \lim_{y \to +\infty} F(x,y) = F(x, +\infty)$$

$$F_Y(y) = P(Y \leqslant y) = P(X < +\infty, Y \leqslant y) = \lim_{x \to +\infty} P(X \leqslant x, Y \leqslant y) = \lim_{x \to +\infty} F(x,y) = F(+\infty, y)$$

由联合分布函数可以求得边缘分布函数,其逆不真。

【例 2】 设二维随机变量(X,Y)的联合分布函数为

$$F(x,y) = \frac{1}{\pi^2}\left(\frac{\pi}{2} + \arctan x\right)\left(\frac{\pi}{2} + \arctan y\right)$$

求关于 X 和 Y 的边缘分布函数 $F_X(x), F_Y(y)$。

解 由边缘分布函数的定义有

$$\begin{aligned}
F_X(x) &= \lim_{y \to +\infty} F(x,y) \\
&= \lim_{y \to +\infty} \frac{1}{\pi^2}\left(\frac{\pi}{2} + \arctan x\right)\left(\frac{\pi}{2} + \arctan y\right) \\
&= \frac{1}{\pi}\left(\frac{\pi}{2} + \arctan x\right) \quad (-\infty < x < +\infty)
\end{aligned}$$

$$\begin{aligned}
F_Y(x) &= \lim_{x \to +\infty} F(x,y) \\
&= \lim_{x \to +\infty} \frac{1}{\pi^2}\left(\frac{\pi}{2} + \arctan x\right)\left(\frac{\pi}{2} + \arctan y\right) \\
&= \frac{1}{\pi}\left(\frac{\pi}{2} + \arctan y\right) \quad (-\infty < y < +\infty)
\end{aligned}$$

3.2 二维离散型随机变量及其概率特性

1. 二维随机变量

定义 3 若二维随机变量(X,Y)的所有可能取值为有限个或可列无穷多个,则称(X,Y)为二维离散型随机变量。

要描述二维离散型随机变量的概率特性及其与每个随机变量之间的关系常用其联合概率分布和边缘概率分布。

2. 联合分布律

设(X,Y)所有可能的取值为$(x_i, y_j), i,j = 1,2,\cdots$,则称

$$P(X = x_i, Y = y_j) = p_{ij}, \quad i,j = 1,2,\cdots$$

为二维离散型随机变量(X,Y)的联合概率分布,也简称概率分布或分布律。

二维离散型随机变量(X,Y)的联合分布律也可以表示为表格形式,见表3.1。

表 3.1

X \ Y	y_1	y_2	$\cdots$	y_j	$\cdots$
x_1	p_{11}	p_{12}	$\cdots$	p_{1j}	$\cdots$
x_2	p_{21}	p_{22}	$\cdots$	p_{2j}	$\cdots$
$\vdots$	$\vdots$	$\vdots$	$\vdots$	$\vdots$	$\vdots$
x_i	p_{i1}	p_{i2}	$\cdots$	p_{ij}	$\cdots$
$\vdots$	$\vdots$	$\vdots$	$\vdots$	$\vdots$	$\vdots$

显然,随机变量(X,Y)的联合分布律满足:

(1) $p_{ij} \geqslant 0, \quad i,j = 1,2,\cdots$

(2) $\sum\limits_{i=1}^{+\infty} \sum\limits_{j=1}^{+\infty} p_{ij} = 1$

【例3】 一只口袋中有2个白球和2个黑球,取到白球记作"0",取到黑球记作"1",且每次各个球从袋中被取到的可能性相同,如果从袋中不放回地每次取一个球,取两次,以X和Y分别记第一次、第二次取到球的情况。求:

(1) (X,Y)的联合分布律;

(2) $P(X \leqslant Y)$。

解 (1) (X,Y)的可能取值为$(0,0),(0,1),(1,0),(1,1)$。

可算出(X,Y)取各个可能值的概率为

$$P(X=0, Y=0) = \frac{2}{4} \times \frac{1}{3} = \frac{1}{6}$$

同理

$$P(X=0, Y=1) = \frac{2}{4} \times \frac{2}{3} = \frac{1}{3}$$

$$P(X=1, Y=0) = \frac{2}{4} \times \frac{2}{3} = \frac{1}{3}$$

$$P(X=1, Y=1) = \frac{2}{4} \times \frac{1}{3} = \frac{1}{6}$$

(X,Y)的联合分布律见表3.2。

表 3.2

X \ Y	0	1
0	$\frac{1}{6}$	$\frac{1}{3}$
1	$\frac{1}{3}$	$\frac{1}{6}$

$$P(X \leqslant Y) = 1 - P(X > Y) = 1 - P(X=1, Y=0) = 1 - \frac{1}{3} = \frac{2}{3}$$

【例 4】 在【例 3】中如果将不放回抽样改为有放回抽样,试求(X,Y)的联合分布律。

解 在有放回抽样的情形下,(X,Y)的取值仍为$(0,0),(0,1),(1,0),(1,1)$。但取值的概率变为

$$P(X=0, Y=0) = \frac{2}{4} \times \frac{2}{4} = \frac{1}{4}$$

$$P(X=0, Y=1) = \frac{2}{4} \times \frac{2}{4} = \frac{1}{4}$$

$$P(X=1, Y=0) = \frac{2}{4} \times \frac{2}{4} = \frac{1}{4}$$

$$P(X=1, Y=1) = \frac{2}{4} \times \frac{2}{4} = \frac{1}{4}$$

(X,Y)的联合分布律见表 3.3。

表 3.3

X \ Y	0	1
0	$\frac{1}{4}$	$\frac{1}{4}$
1	$\frac{1}{4}$	$\frac{1}{4}$

【例 5】 设袋中有 4 个白球及 5 个红球,现从其中随机抽取两次,每次取一个,不放回取样。定义随机变量为

$$X_i = \begin{cases} 0, & \text{第 } i \text{ 次取到白球} \\ 1, & \text{第 } i \text{ 次取到红球} \end{cases}$$

试求(X_1, X_2)的联合概率分布。

解 对于不放回取样,(X_1, X_2)的可能取值为$(0,0),(0,1),(1,0),(1,1)$,

且取每个值的概率分别为

$$P\{X_1=0, X_2=0\} = \frac{4}{9} \times \frac{3}{8} = \frac{1}{6}$$

$$P\{X_1=0, X_2=1\} = \frac{4}{9} \times \frac{5}{8} = \frac{5}{18}$$

$$P\{X_1=1, X_2=0\} = \frac{5}{9} \times \frac{4}{8} = \frac{5}{18}$$

$$P\{X_1=1, X_2=1\} = \frac{5}{9} \times \frac{4}{8} = \frac{5}{18}$$

(X,Y) 的联合分布律见表3.4。

表 3.4

X_1 \ X_2	0	1
0	$\frac{1}{6}$	$\frac{5}{18}$
1	$\frac{5}{18}$	$\frac{5}{18}$

【例6】 袋中有3个球,分别标有号码1,2,3。不放回地从袋中随机抽取两次。用 X,Y 分别表示第一次和第二次取得的球上的号码,求 (X,Y) 的联合分布律。

解 X,Y 的可能取值均为1,2,3,由乘法公式得

$$P_{12} = P\{X=1, Y=2\} = \frac{1}{3} \times \frac{1}{2} = \frac{1}{6}$$

$$P_{13} = P\{X=1, Y=3\} = \frac{1}{3} \times \frac{1}{2} = \frac{1}{6}$$

$$P_{11} = P\{X=1, Y=1\} = 0$$

同理可得

$$P_{21} = \frac{1}{6}, P_{22} = 0, P_{23} = \frac{1}{6}, P_{31} = \frac{1}{6}, P_{32} = \frac{1}{6}, P_{33} = 0$$

所以 (X,Y) 的联合分布律见表3.5。

表 3.5

X \ Y	1	2	3
1	0	$\frac{1}{6}$	$\frac{1}{6}$
2	$\frac{1}{6}$	0	$\frac{1}{6}$
3	$\frac{1}{6}$	$\frac{1}{6}$	0

3. 二维离散型随机变量的联合分布函数

$$F(x,y) = \sum_{x_i \leqslant x} \sum_{y_j \leqslant y} p_{ij}, \quad -\infty < x, y < +\infty$$

已知联合分布律可以求出其联合分布函数；反之，由联合分布函数也可求出其联合分布律。

$$P(X = x_i, Y = y_j) = F(x_i, y_j) - F(x_i, y_j - 0) - F(x_i - 0, y_j) + F(x_i - 0, y_j - 0)$$
$$i, j = 1, 2, \cdots$$

4. 二维离散型随机变量的边缘分布律

$$P(X = x_i) = P(X = x_i, -\infty < Y < +\infty)$$
$$= \sum_{j=1}^{+\infty} P(X = x_i, Y = y_j)$$
$$= \sum_{j=1}^{+\infty} p_{ij} = p_{i\cdot}, \quad i = 1, 2, \cdots$$
$$P(Y = y_j) = P(-\infty < X < +\infty, Y = y_j)$$
$$= \sum_{i=1}^{+\infty} P(X = x_i, Y = y_j)$$
$$= \sum_{i=1}^{+\infty} p_{ij} = p_{\cdot j}, \quad j = 1, 2, \cdots$$

由联合分布可确定边缘分布，其逆不真。

【例 7】 试求【例 3】中关于 X 和 Y 的边缘分布律。

解 由【例 3】中 (X, Y) 的联合分布律可知

$$P(X = 0) = P(X = 0, Y = 0) + P(X = 0, Y = 1) = \frac{1}{6} + \frac{1}{3} = \frac{1}{2}$$

$$P(X = 1) = P(X = 1, Y = 0) + P(X = 1, Y = 1) = \frac{1}{3} + \frac{1}{6} = \frac{1}{2}$$

于是 X 的边缘分布律见表 3.6。

表 3.6

X	0	1
P	$\frac{1}{2}$	$\frac{1}{2}$

同理 Y 的边缘分布律见表 3.7。

表 3.7

Y	0	1
P	$\frac{1}{2}$	$\frac{1}{2}$

(X,Y) 的联合分布律与边缘分布律见表 3.8。

表 3.8

X \ Y	0	1	$p_{i\cdot}$
0	$\frac{1}{6}$	$\frac{1}{3}$	$\frac{1}{2}$
1	$\frac{1}{3}$	$\frac{1}{6}$	$\frac{1}{2}$
$p_{\cdot j}$	$\frac{1}{2}$	$\frac{1}{2}$	1

在表 3.8 中，中间部分是 (X,Y) 的联合分布律，而边缘部分是 X 与 Y 的概率分布，它们由联合分布律经同一行或同一列相加而得，这种表称为列联表。X 与 Y 的概率分布处于表的边缘部分，因此称为边缘分布律。

【例 8】 试求【例 4】中 (X,Y) 的边缘分布律。

解 由 (X,Y) 的联合分布律可直接求得 X 与 Y 的边缘分布律，见表 3.9。

表 3.9

X \ Y	0	1	$p_{i\cdot}$
0	$\frac{1}{4}$	$\frac{1}{4}$	$\frac{1}{2}$
1	$\frac{1}{4}$	$\frac{1}{4}$	$\frac{1}{2}$
$p_{\cdot j}$	$\frac{1}{2}$	$\frac{1}{2}$	

比较【例 7】和【例 8】的结果，X 与 Y 的边缘分布律是相同的，但它们的联合分布律却完全不同。因此联合分布律不能由边缘分布律唯一确定，也就是说二

维随机变量的性质不一定能由它的两个分量的个别性质来确定,有时还必须考虑它们之间的联系,这也说明了研究多维随机变量的必然性。

5. $p_{ij} = P(X=x_i, Y=y_j)$ 的求法

(1) 利用古典概型直接求。

(2) 利用乘法公式 $p_{ij} = P(X=x_i)P(Y=y_j \mid X=x_i)$。

3.3 二维连续型随机变量及其概率特性

1. 连续型随机变量

定义 5 设二维随机变量 (X,Y) 的分布函数为 $F(x,y)$,若存在非负可积函数 $f(x,y)$,使得对于任意实数 x,y,有

$$F(x,y) = \int_{-\infty}^{x} \int_{-\infty}^{y} f(u,v) \mathrm{d}u \mathrm{d}v$$

则称 (X,Y) 为二维连续型随机变量,$f(x,y)$ 为 (X,Y) 的联合概率密度函数,简称联合密度函数。

2. 联合密度与联合分布函数的性质

(1) $f(x,y) \geqslant 0$。

(2) $\int_{-\infty}^{+\infty} \int_{-\infty}^{+\infty} f(x,y) \mathrm{d}x \mathrm{d}y = 1$。

可以证明,凡满足这两个性质的二元函数 $f(x,y)$,必可作为某个二维随机变量 (X,Y) 的概率密度。

除联合密度函数的一般性质外还具有下述性质:

(3) 对每个变量连续,在 $f(x,y)$ 的连续点处

$$\frac{\partial^2 F}{\partial x \partial y} = f(x,y)$$

从而有

$$P(x < X \leqslant x + \Delta x, y < Y \leqslant y + \Delta y) \approx f(x,y) \Delta x \Delta y$$

(4) $P(X=a, Y=b) = 0, P(X=a, -\infty < Y < +\infty) = 0, P(-\infty < X < +\infty, Y=a) = 0$。

若 G 是平面上的区域,则

$$P((X,Y) \in G) = \iint_G f(x,y) \mathrm{d}x \mathrm{d}y$$

边缘分布函数与边缘密度函数为

$$F_X(x)=\int_{-\infty}^{x}\int_{-\infty}^{+\infty}f(u,v)\mathrm{d}v\mathrm{d}u, f_X(x)=\int_{-\infty}^{+\infty}f(x,y)\mathrm{d}y$$

$$F_Y(y)=\int_{-\infty}^{y}\int_{-\infty}^{+\infty}f(u,v)\mathrm{d}u\mathrm{d}v, f_Y(y)=\int_{-\infty}^{+\infty}f(x,y)\mathrm{d}x$$

与离散型相同,已知联合分布可以求得边缘分布;反之则不能唯一确定。

【例9】 已知二维随机变量(X,Y)的概率密度函数为

$$f(x,y)=\begin{cases}k\mathrm{e}^{-2x-3y}, & x>0,y>0\\ 0, & \text{其他}\end{cases}$$

(1) 求常数 k 的值;

(2) 求 $P(X+2Y\leqslant 1)$ 的概率。

解 (1) 利用概率密度的性质,有

$$1=\int_{-\infty}^{+\infty}\int_{-\infty}^{+\infty}f(x,y)\mathrm{d}x\mathrm{d}y=\int_{0}^{+\infty}\int_{0}^{+\infty}k\mathrm{e}^{-2x-3y}\mathrm{d}x\mathrm{d}y=\frac{k}{6}$$

得 $k=6$,从而

$$f(x,y)=\begin{cases}6\mathrm{e}^{-2x-3y}, & x>0,y>0\\ 0, & \text{其他}\end{cases}$$

(2) (X,Y) 的取值区域如图 3.2 所示,故

$$P(X+2Y\leqslant 1)=\iint_{x+2y\leqslant 1}f(x,y)\mathrm{d}x\mathrm{d}y$$

$$=\int_{0}^{1}\mathrm{d}x\int_{0}^{\frac{1-x}{2}}6\mathrm{e}^{-2x-3y}\mathrm{d}y$$

$$=1+3\mathrm{e}^{-2}-4\mathrm{e}^{-\frac{3}{2}}$$

$$\approx 0.5135$$

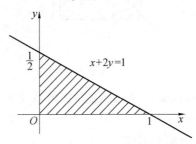

图 3.2

【例10】 设二维连续型随机变量(X,Y)的联合概率密度为

$$f(x,y)=\begin{cases}c(1+xy), & |x|<1,|y|<1\\ 0, & \text{其他}\end{cases}$$

(1) 求常数 c；

(2) 求 $P(X \geqslant Y)$。

解 (1) 由性质 $\int_{-\infty}^{+\infty}\int_{-\infty}^{+\infty} f(x,y)\,\mathrm{d}x\mathrm{d}y = 1$，得

$$\int_{-1}^{1}\int_{-1}^{1} c(1+xy)\,\mathrm{d}x\mathrm{d}y = c\int_{-1}^{1} 2\,\mathrm{d}y = 1$$

从而 $c = \dfrac{1}{4}$。

(2) 由 $P((X,Y)\in G) = \iint_G f(x,y)\,\mathrm{d}x\mathrm{d}y$ 及 (X,Y) 的联合概率密度可得（图 3.3）：

$$\begin{aligned}
P(X \geqslant Y) &= \iint_{x \geqslant y} f(x,y)\,\mathrm{d}x\mathrm{d}y \\
&= \int_{-1}^{1} \mathrm{d}x \int_{-1}^{x} \frac{1}{4}(1+xy)\,\mathrm{d}y \\
&= \frac{1}{4}\int_{-1}^{1}\left(\frac{x^3}{2} + \frac{x}{2} + 1\right)\mathrm{d}x \\
&= \frac{1}{2}
\end{aligned}$$

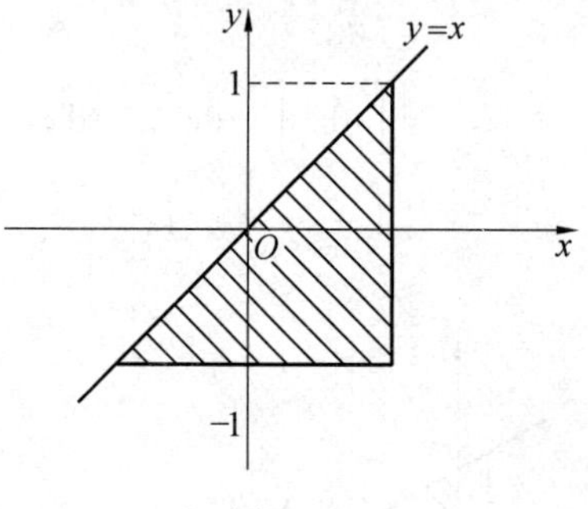

图 3.3

【例 11】 设二维随机变量 (X,Y) 服从区域 G 上的均匀分布，其中

$$G = \{(x,y) \mid 0 < x < 1,\ |y| < x\}$$

(1) 求 (X,Y) 的联合概率密度；

(2) 求边缘概率密度 $f_X(x)$ 和 $f_Y(y)$。

解 (1) 如图 3.4 所示，区域 G 的面积为

$$S = \frac{1}{2} \times 1 \times 2 = 1$$

所以(X,Y)的联合概率密度为
$$f(x,y)=\begin{cases}1, & 0<x<1, |y|<x\\ 0, & 其他\end{cases}$$

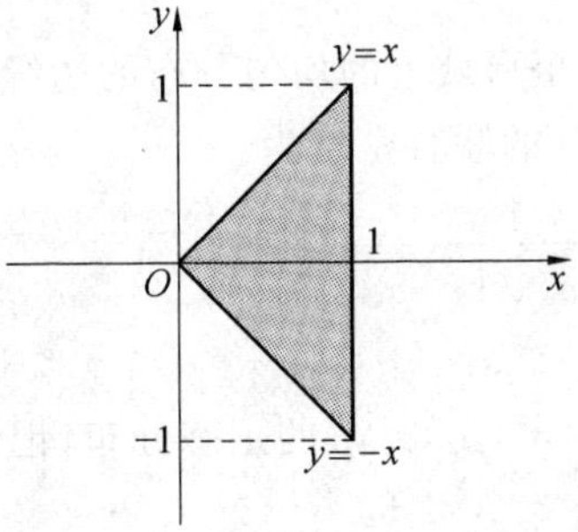

图 3.4

(2) 先求$f_X(x)$,当$x\leqslant 0$或$x\geqslant 1$时,$f_X(x)=0$,而当$0<x<1$时,有
$$f_X(x)=\int_{-\infty}^{+\infty}f(x,y)\mathrm{d}y=\int_{-x}^{x}\mathrm{d}y=2x$$

所以X的边缘概率密度为
$$f_X(x)=\begin{cases}2x, & 0<x<1\\ 0, & 其他\end{cases}$$

再求$f_Y(y)$,当$y\leqslant -1$或$y\geqslant 1$时,$f_Y(y)=0$,当$-1<y<0$时,有
$$f_Y(y)=\int_{-\infty}^{+\infty}f(x,y)\mathrm{d}x=\int_{-y}^{1}f(x,y)\mathrm{d}x=1+y$$

当$0<y<1$时,有
$$f_Y(y)=\int_{-\infty}^{+\infty}f(x,y)\mathrm{d}x=\int_{y}^{1}f(x,y)\mathrm{d}x=1-y$$

所以Y的边缘概率密度为
$$f_Y(y)=\begin{cases}1+y, & -1<y<0\\ 1-y, & 0<y<1\\ 0, & 其他\end{cases}$$

3. 常用连续型二维随机变量分布

(1) 区域G上的均匀分布。设G是平面上的有界区域,面积为A,若随机变量(X,Y)的联合密度为
$$f(x,y)=\begin{cases}1/A, & (x,y)\in G\\ 0, & 其他\end{cases}$$

则称(X,Y)服从区域G上的均匀分布,记作$X \sim U(G)$。

① 若(X,Y)服从区域G上的均匀分布,则$\forall G_1 \subseteq G$,设G_1的面积为A_1,则
$$P((X,Y) \in G_1) = \frac{A_1}{A}$$

② 边平行于坐标轴的矩形域上的均匀分布的边缘分布仍为均匀分布。

(2) 若随机变量(X,Y)的联合密度为
$$f(x,y) = \frac{1}{2\pi\sigma_1\sigma_2\sqrt{1-\rho^2}} e^{-\frac{1}{2(1-\rho^2)}\left[\frac{(x-\mu_1)^2}{\sigma_1^2} - 2\rho\frac{(x-\mu_1)(y-\mu_2)}{\sigma_1\sigma_2} + \frac{(y-\mu_2)^2}{\sigma_2^2}\right]}$$
$$-\infty < x < +\infty, -\infty < y < +\infty$$

则称(X,Y)服从参数为$\mu_1,\sigma_1^2,\mu_2,\sigma_2^2,\rho$的正态分布,记作$(X,Y) \sim N(\mu_1,\sigma_1^2,\mu_2,\sigma_2^2,\rho)$,其中$\sigma_1,\sigma_2 > 0, -1 < \rho < 1$。

正态分布的边缘分布仍为正态分布:
$$f_X(x) = \frac{1}{\sqrt{2\pi}\sigma_1} e^{-\frac{(x-\mu_1)^2}{2\sigma_1^2}}, \quad -\infty < x < +\infty$$
$$f_Y(y) = \frac{1}{\sqrt{2\pi}\sigma_2} e^{-\frac{(y-\mu_2)^2}{2\sigma_2^2}}, \quad -\infty < y < +\infty$$

【例 12】 设$(X,Y) \sim N(\mu_1,\sigma_1^2,\mu_2,\sigma_2^2,\rho)$,求$X$和$Y$的边缘概率密度。

解
$$f_X(x) = \int_{-\infty}^{+\infty} f(x,y) \, dy$$
$$= \frac{1}{2\pi\sigma_1\sigma_2\sqrt{1-\rho^2}} e^{-\frac{(x-\mu_1)^2}{2\sigma_1^2}} \int_{-\infty}^{+\infty} e^{-\frac{1}{2(1-\rho^2)}\left(\frac{y-\mu_2}{\sigma_2} - \rho\frac{x-\mu_1}{\sigma_1}\right)^2} dy$$

令$t = \frac{1}{(1-\rho^2)}\left(\frac{y-\mu_2}{\sigma_2} - \rho\frac{x-\mu_1}{\sigma_1}\right)$,则有
$$f_X(x) = \frac{1}{2\pi\sigma_1} e^{-\frac{(x-\mu_1)^2}{2\sigma_1^2}} \int_{-\infty}^{+\infty} e^{-\frac{t^2}{2}} dt = \frac{1}{\sqrt{2\pi}\sigma_1} e^{-\frac{(x-\mu_1)^2}{2\sigma_1^2}}, -\infty < x < +\infty$$

即
$$X \sim N(\mu_1,\sigma_1^2)$$

同理
$$f_Y(y) = \frac{1}{\sqrt{2\pi}\sigma_2} e^{-\frac{(y-\mu_2)^2}{2\sigma_2^2}}, -\infty < y < +\infty$$

即
$$Y \sim N(\mu_2,\sigma_2^2)$$

由【例 12】可知二维正态分布的两个边缘分布都是一维正态分布,并且不依赖于参数ρ,也即对相同的$\mu_1,\mu_2,\sigma_1,\sigma_2$,尽管$\rho$不同(二维正态分布不同),但对应

的边缘分布却都一样,这一事实说明具有相同边缘分布的多维随机变量的联合分布可以不同。因此,一般来说只由 X 和 Y 的边缘分布不能确定 (X,Y) 的联合分布。

3.4 条件分布

本节将分别就离散型随机变量和连续型随机变量两种情况讨论条件分布。

1. 离散型情形

设 (X,Y) 为二维离散型随机变量,其分布律为
$$P(X=x_i, Y=y_j) = p_{ij}, i,j=1,2,\cdots$$
而 X 和 Y 的边缘分布律分别为
$$P(X=x_i) = p_{i\cdot} = \sum_{j=1}^{\infty} p_{ij}, i=1,2,\cdots$$
$$P(Y=y_j) = p_{\cdot j} = \sum_{i=1}^{\infty} p_{ij}, j=1,2,\cdots$$

定义 6 若对于固定的 $j, P\{Y=y_j\} > 0$,则称
$$P(X=x_i | Y=y_j) = \frac{P\{X=x_i, Y=y_j\}}{P\{Y=y_j\}} = \frac{p_{ij}}{p_{\cdot j}}, i=1,2,\cdots$$
为在 $Y=y_j$ 条件下随机变量 X 的条件分布律。

同样,对于固定的 i,若 $P\{X=x_i\} > 0$,则称
$$P(Y=y_j | X=x_i) = \frac{P\{X=x_i, Y=y_j\}}{P\{X=x_i\}} = \frac{p_{ij}}{p_{i\cdot}}, i=1,2,\cdots$$
为在 $X=x_i$ 条件下随机变量 Y 的条件分布律。

易知,条件分布律具有下列特性:
(1) $P(X=x_i | Y=y_j) \geqslant 0, P(Y=y_j | X=x_i) \geqslant 0$。
(2) $\sum_{i=1}^{\infty} \frac{p_{ij}}{p_{\cdot j}} = 1, \sum_{j=1}^{\infty} \frac{p_{ij}}{p_{i\cdot}} = 1$。

【例 13】 袋中有 2 个白球和 3 个黑球,从袋中任取 2 个球,用 $X=1(X=0)$ 表示第一次取到的是白球(黑球),$Y=0(Y=1)$ 表示第二次取到的是黑球(白球)。如果是放回抽样,试求在 $X=0$ 的条件下 Y 的条件分布律,以及在 $Y=1$ 的条件下 X 的条件分布。

解 因为是放回抽样,所以
$$P(X=0, Y=0) = \frac{3}{5} \times \frac{3}{5} = \frac{9}{25}$$

$$P(X=0, Y=1) = \frac{3}{5} \times \frac{2}{5} = \frac{6}{25}$$

$$P(X=1, Y=0) = \frac{2}{5} \times \frac{3}{5} = \frac{6}{25}$$

$$P(X=1, Y=1) = \frac{2}{5} \times \frac{2}{5} = \frac{4}{25}$$

所以 (X,Y) 的分布律和边缘分布律见表 3.10。

表 3.10

Y \ X	0	1	$p_{i\cdot}$
0	$\frac{9}{25}$	$\frac{6}{25}$	$\frac{3}{5}$
1	$\frac{6}{25}$	$\frac{4}{25}$	$\frac{2}{5}$
$p_{\cdot j}$	$\frac{3}{5}$	$\frac{2}{5}$	1

由

$$P(Y=0 \mid X=0) = \frac{P\{X=0, Y=0\}}{P\{X=0\}} = \frac{\frac{9}{25}}{\frac{15}{25}} = \frac{3}{5}$$

$$P(Y=1 \mid X=0) = \frac{P\{X=0, Y=1\}}{P\{X=0\}} = \frac{\frac{6}{25}}{\frac{15}{25}} = \frac{2}{5}$$

得在 $X=0$ 的条件下 Y 的条件分布律,见表 3.11。

表 3.11

$Y \mid X=0$	0	1
P	$\frac{3}{5}$	$\frac{2}{5}$

同理,在 $Y=1$ 的条件下 X 的条件分布律见表 3.12。

表 3.12

$X \mid Y = 1$	0	1
P	$\dfrac{3}{5}$	$\dfrac{2}{5}$

在 $Y = y_j$ 的条件下，X 的条件分布函数可由条件分布律得出，即

$$F_{X|Y}(x|y_j) = P\{X \leqslant x | Y = y_j\} = \sum_{x_i \leqslant x} P\{X = x_i | Y = y_j\} = \frac{1}{p_{\cdot j}} \sum_{x_i \leqslant x} p_{ij}$$

同样，在 $X = x_i$ 的条件下，Y 的条件分布函数为

$$F_{Y|X}(y|x_i) = P\{Y \leqslant y | X = x_i\} = \sum_{y_j \leqslant y} P\{Y = y_j | X = x_i\} = \frac{1}{p_{i \cdot}} \sum_{y_j \leqslant y} p_{ij}$$

2. 连续型情形

设 (X, Y) 为二维连续型随机变量，其联合概率密度为 $f(x, y)$，利用在 $\{X = x\}$ 条件下 Y 的分布函数 $P(Y \leqslant y | X = x)$，给出条件概率密度。

由于在连续场合 $P(X = x) = 0$，所以不能直接用条件概率公式，这时取一个充分小的 $\Delta x (\Delta x > 0)$，在条件 $\Delta x \leqslant x < x + \Delta x$ 下考虑 $Y \leqslant y$ 的条件概率，于是

$$\begin{aligned}
P(Y \leqslant y | X = x) &= \lim_{\Delta x \to 0} P(Y \leqslant y | x \leqslant X < x + \Delta x) \\
&= \lim_{\Delta x \to 0} \frac{P(x \leqslant X < x + \Delta x, Y \leqslant y)}{P(x \leqslant X < x + \Delta x)} \\
&= \lim_{\Delta x \to 0} \frac{\int_x^{x+\Delta x} \int_{-\infty}^y f(u, v) \, \mathrm{d}v \mathrm{d}u}{\int_x^{x+\Delta x} \int_{-\infty}^{+\infty} f(u, v) \, \mathrm{d}v \mathrm{d}u}
\end{aligned}$$

把上式的分子、分母分别除以 Δx，则当 $f_X(x) \neq 0$ 时，有

$$P(Y \leqslant y | X = x) = \int_{-\infty}^y \frac{f(x, v)}{f_X(x)} \mathrm{d}v$$

因此，在 $X = x$ 条件下，Y 的概率密度为 $\dfrac{f(x, y)}{f_X(x)}$，记作 $f_{Y|X}(y|x)$，称为在 $X = x$ 条件下 Y 的条件概率密度，即

$$f_{Y|X}(y|x) = \frac{f(x, y)}{f_X(x)}$$

同理，在 $Y = y$ 的条件下，关于 X 的条件概率密度为

$$f_{X|Y}(x|y) = \frac{f(x, y)}{f_Y(y)}$$

可以验证条件概率密度满足随机变量的概率密度的两条基本性质。

【例 14】 设随机变量 (X,Y) 的概率密度为
$$f(x,y)=\begin{cases} Axy, & x,y \in G \\ 0, & \text{其他} \end{cases}$$
其中,G 是由 $0 \leqslant x \leqslant 2$ 和 $0 \leqslant y \leqslant x^2$ 围成的区域,求条件概率密度。

解 求条件概率密度,必须先求出常数 A 的值和边缘密度 $f_X(x)$ 和 $f_Y(y)$。由
$$1=\int_{-\infty}^{+\infty}\int_{-\infty}^{+\infty}f(x,y)\mathrm{d}x\mathrm{d}y=A\int_0^2\mathrm{d}x\int_0^{x^2}xy\mathrm{d}y=\frac{16A}{3}$$
得 $A=\frac{3}{16}$,从而
$$f_X(x)=\int_{-\infty}^{+\infty}f(x,y)\mathrm{d}y=\begin{cases} \frac{3}{16}\int_0^{x^2}xy\mathrm{d}y=\frac{3x^5}{32}, & 0 \leqslant x \leqslant 2 \\ 0, & \text{其他} \end{cases}$$
$$f_Y(y)=\int_{-\infty}^{+\infty}f(x,y)\mathrm{d}x=\begin{cases} \frac{3}{16}\int_{\sqrt{y}}^{2}xy\mathrm{d}x=\frac{3y(4-y)}{32}, & 0 \leqslant y \leqslant 4 \\ 0, & \text{其他} \end{cases}$$
因为仅当 y 在 $(0,4)$ 内取值时,$f_Y(y) \neq 0$,故条件概率密度
$$f_{X|Y}(x|y)=\frac{f(x,y)}{f_Y(y)}=\begin{cases} \frac{2x}{4-y}, & \sqrt{y} \leqslant x \leqslant 2, 0<y<4 \\ 0, & \text{其他} \end{cases}$$
$$f_{Y|X}(y|x)=\frac{f(x,y)}{f_X(x)}=\begin{cases} \frac{2y}{x^4}, & 0 \leqslant y < x^2, 0<x \leqslant 2 \\ 0, & \text{其他} \end{cases}$$

【例 15】 设随机变量 (X,Y) 的概率密度为
$$f(x,y)=\begin{cases} 3x, & 0 \leqslant x \leqslant 1, 0<y<x \\ 0, & \text{其他} \end{cases}$$
求 $P\left(Y \leqslant \frac{1}{8} \mid X=\frac{1}{4}\right)$。

解 (X,Y) 关于 X 的边缘密度为
$$f_X(x)=\int_{-\infty}^{+\infty}f(x,y)\mathrm{d}y=\begin{cases} \int_0^x 3x\mathrm{d}y=3x^2, & 0 \leqslant x \leqslant 1 \\ 0, & \text{其他} \end{cases}$$
故

$$f_{Y|X}(y|x) = \frac{f(x,y)}{f_X(x)} = \begin{cases} \dfrac{3x}{3x^2} = \dfrac{1}{x}, & 0 < y < x \leqslant 1 \\ 0, & 其他 \end{cases}$$

于是

$$P\left(Y \leqslant \frac{1}{8} \,\Big|\, X = \frac{1}{4}\right) = \int_{-\infty}^{\frac{1}{8}} f_{Y|X}\left(y\,\Big|\,x = \frac{1}{4}\right)\mathrm{d}y = \int_0^{\frac{1}{8}} 4\mathrm{d}y = \frac{1}{2}$$

3.5 随机变量的独立性

设 X,Y 为随机变量，如果对任意的 x,y，事件 $\{X \leqslant x\}$ 与 $\{Y \leqslant y\}$ 相互独立，即

$$P(X \leqslant x, Y \leqslant y) = P(X \leqslant x)P(Y \leqslant y)$$

则称 X 与 Y 相互独立。换言之有如下定义：

定义 7 设 $F(x,y)$ 及 $F_X(x), F_Y(y)$ 分别是二维随机变量 (X,Y) 的分布函数及边缘分布函数。若对任意的 x,y，有

$$F(x,y) = F_X(x)F_Y(y)$$

则称随机变量 X 与 Y 相互独立。

当 (X,Y) 是离散型随机变量时，X 与 Y 相互独立的充要条件是对所有可能取值 (x_i, y_j)，有

$$P(X = x_i, Y = y_j) = P(X = x_i)P(Y = y_j), i, j = 1, 2, \cdots$$

即

$$p_{ij} = p_{i \cdot} p_{\cdot j}, i, j = 1, 2, \cdots$$

当 (X,Y) 是连续型随机变量时，X 与 Y 相互独立的充要条件是

$$f(x,y) = f_X(x)f_Y(y)$$

在 $f(x,y), f_X(x), f_Y(y)$ 的一切公共连续点上成立。

在 3.3 节曾经指出，由边缘分布一般不能确定联合分布，但从上述讨论可以看出，相互独立随机变量的边缘分布可唯一确定其联合分布。

【例 16】 试判断【例 3】和【例 4】中随机变量 X 与 Y 是否相互独立。

解 对于【例 3】，我们已经知道 (X,Y) 的联合分布律及边缘分布律，见表 3.8。

由表 3.8 可见

$$p_{11} = \frac{1}{6}, p_{1\cdot} = \frac{1}{2}, p_{\cdot 1} = \frac{1}{2}$$

$$p_{11} \neq p_{1\cdot} p_{\cdot 1}$$

故 X 与 Y 不相互独立。

对于【例 4】,(X,Y) 的联合分布律及边缘分布律见表 3.9。

显然,对所有 $i,j = 1,2,\cdots$,都有 $p_{ij} = p_{i\cdot} p_{\cdot j}$,所以 X 与 Y 是相互独立的。事实上,由随机变量相互独立的直观意义可以看出在有放回抽样中,X 与 Y 取值的概率是互不影响的,X 与 Y 相互独立也就是理所应当的。因此,在实际中判断 X 与 Y 是否独立,更多的是依赖于 X 的取值与 Y 的取值的概率是否互相影响。

【例 17】 甲、乙两人相约在某地见面,他们到达的时间是相互独立的,并且都均匀分布在 $14{:}00 \sim 15{:}00$ 这段时间,试求先到者至少要等候 10 min 的概率。

解 设甲、乙到达时间分别是下午 2 点 X 分和下午 2 点 Y 分,则 X 与 Y 均服从 $(0,60)$ 上的均匀分布,所以 X 与 Y 的概率密度分别为

$$f_X(x) = \begin{cases} \dfrac{1}{60}, & 0 < x < 60 \\ 0, & \text{其他} \end{cases}$$

$$f_Y(y) = \begin{cases} \dfrac{1}{60}, & 0 < y < 60 \\ 0, & \text{其他} \end{cases}$$

又因为 X 与 Y 相互独立,则 (X,Y) 的联合密度为

$$f(x,y) = f_X(x) f_Y(y) = \begin{cases} \dfrac{1}{60^2}, & 0 < x, y < 60 \\ 0, & \text{其他} \end{cases}$$

所求事件的概率可表示为

$$P(|Y - X| \geqslant 10) = \iint\limits_{|y-x| \geqslant 10} f(x,y) \, dx \, dy$$

如图 3.5 所示,由对称性可知

$$\begin{aligned} P(|Y - X| \geqslant 10) &= 2 P(Y \geqslant X + 10) \\ &= 2 \int_{10}^{60} dy \int_{0}^{y-10} \frac{1}{60^2} dx \\ &= \frac{2}{60^2} \int_{10}^{60} (y - 10) \, dy \\ &= \frac{25}{36} \end{aligned}$$

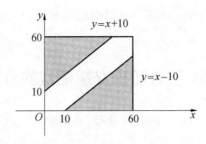

图 3.5

【例 18】 设 $(X,Y) \sim N(\mu_1, \sigma_1^2, \mu_2, \sigma_2^2, \rho)$,证明 X 与 Y 相互独立的充要条件是

$$\rho = 0$$

证明 当 $\rho = 0$ 时,由二维正态分布的定义及 X 与 Y 的边缘分布易推得

$$f(x,y) = f_X(x) f_Y(y)$$

故 X 与 Y 相互独立。

反之,若 X 与 Y 相互独立,取 $x = \mu_1, y = \mu_2$,则应有

$$f(\mu_1, \mu_2) = f_X(\mu_1) f_Y(\mu_2)$$

也即

$$\frac{1}{2\pi\sigma_1\sigma_2\sqrt{1-\rho^2}} = \frac{1}{2\pi\sigma_1\sigma_2}$$

从而 $\rho = 0$。

随机变量的独立性可推广到 n 维随机变量的情况。设 n 维随机变量 $(X_1, X_2, \cdots, X_n)$ 的分布函数和边缘分布函数分别是

$$F(x_1, x_2, \cdots, x_n), F_{X_i}(x_i)(i = 1, 2, \cdots)$$

若对任意的实数 $x_1, x_2, \cdots, x_n$,有

$$F(x_1, x_2, \cdots, x_n) = F_{X_1}(x_1) F_{X_2}(x_2) \cdots F_{X_n}(x_n)$$

则称 $X_1, X_2, \cdots, X_n$ 是相互独立的。

若 $(X_1, X_2, \cdots, X_n)$ 是离散型随机变量,则 $X_1, X_2, \cdots, X_n$ 相互独立的充分必要条件是

$$P(X_1 = x_1, X_2 = x_2, \cdots, X_n = x_n) = P(X_1 = x_1) P(X_2 = x_2) \cdots P(X_n = x_n)$$

若 $(X_1, X_2, \cdots, X_n)$ 是连续型随机变量,则 $X_1, X_2, \cdots, X_n$ 相互独立的充要条件是

$$f(x_1, x_2, \cdots, x_n) = f_{X_1}(x_1) f_{X_2}(x_2) \cdots f_{X_n}(x_n)$$

在 $f(x_1, x_2, \cdots, x_n), f_{X_i}(x_i)(i = 1, 2, \cdots)$ 的一切公共连续点上成立。其中,

$f(x_1,x_2,\cdots,x_n)$ 是 $(X_1,X_2,\cdots,X_n)$ 的联合概率密度，$f_{X_i}(x_i)(i=1,2,\cdots)$ 是 X_i 的边缘概率密度。

3.6　二维随机变量函数的分布

已知二维随机变量 (X,Y) 的联合分布，求函数 $Z=g(X,Y)$ 的分布，这是本节要讨论的问题。

1. 离散型随机变量函数的分布

设二维离散型随机变量 (X,Y) 的分布律为
$$P(X=x_i,Y=y_j)=p_{ij}(i,j=1,2,\cdots)$$
设 $Z=g(X,Y)$ 是 (X,Y) 的函数，则 Z 也是离散型的，Z 的可能取值为
$$z_{ij}=g(x_i,y_j)(i,j=1,2,\cdots)$$
其分布律见表 3.13。

表 3.13

Z	$g(x_1,y_1)$	…	$g(x_i,y_j)$
P	p_{11}	…	p_{ij}

如果有多个 $g(x_i,y_j)$ 的值相等，应合并为一项，相应的概率相加。

【**例 19**】　设 (X,Y) 的联合分布律见表 3.14。

表 3.14

X \ Y	−1	0	1
0	0.1	0.2	0.1
1	0.3	0.1	0.2

(1) 求 $Z_1=X+Y$ 的分布律；
(2) 求 $Z_2=\max\{X,Y\}$ 的分布律。

解　由 (X,Y) 的联合分布律可列出表 3.15。

表 3.15

(X,Y)	$(0,-1)$	$(0,0)$	$(0,1)$	$(1,-1)$	$(1,0)$	$(1,1)$
$X+Y$	−1	0	1	0	1	2
$\max\{X,Y\}$	0	0	1	1	1	1
P	0.1	0.2	0.1	0.3	0.1	0.2

从而得到 Z_1 的分布律，见表 3.16。

表 3.16

Z_1	-1	0	1	2
P	0.1	0.5	0.2	0.2

Z_2 的分布律见表 3.17。

表 3.17

Z_2	0	1
P	0.3	0.7

【**例 20**】 设 X 与 Y 相互独立且分别服从参数为 λ_1, λ_2 的泊松分布,证明:$X + Y$ 服从参数为 $\lambda_1 + \lambda_2$ 的泊松分布。

证明 由已知 $X + Y$ 的可能取值为 $0, 1, 2, \cdots$ 且

$$P(X + Y = k)$$
$$= P(X = 0, Y = k) + P(X = 1, Y = k - 1) + \cdots + P(X = k, Y = 0)$$
$$= P(X = 0)P(Y = k) + P(X = 1)P(Y = k - 1) + \cdots + P(X = k)P(Y = 0)$$
$$= e^{-\lambda_1} \frac{\lambda_2^k e^{-\lambda_2}}{k!} + \lambda_1 e^{-\lambda_1} \frac{\lambda_2^{k-1} e^{-\lambda_2}}{(k-1)!} + \cdots + \frac{\lambda_1^k e^{-\lambda_1}}{k!} e^{-\lambda_2}$$
$$= \frac{e^{-(\lambda_1 + \lambda_2)}}{k!} (\lambda_2^k + C_k^1 \lambda_2^{k-1} \lambda_1 + \cdots + C_k^{k-1} \lambda_2 \lambda_1^{k-1} + \lambda_1^k)$$
$$= \frac{e^{-(\lambda_1 + \lambda_2)}}{k!} (\lambda_1 + \lambda_2)^k \quad (k = 0, 1, 2, \cdots)$$

因此,$X + Y$ 服从参数为 $\lambda_1 + \lambda_2$ 的泊松分布。

我们把独立同分布的随机变量之和仍服从同一分布的性质称为该分布具有可加性,【例 20】的结果表明泊松分布具有可加性。

2. 连续型随机变量函数的分布

设二维连续型随机变量 (X, Y) 的联合概率密度为 $f(x, y)$,$Z = g(X, Y)$ 是随机变量 (X, Y) 的函数,求 Z 的概率密度 $f_Z(z)$ 的一般方法是:

(1) 确定 Z 的值域 $R(z)$;

(2) 对任意的 $z \in R(z)$,求出 Z 的分布函数。

$$F_Z(z) = P(Z \leqslant z)$$
$$= P(g(X, Y) \leqslant z)$$
$$= P((X, Y) \leqslant D(z))$$
$$= \iint_{D(z)} f(x, y) \, dx dy$$

其中,区域 $D(z) = \{(x, y) \mid g(x, y) \in R(z)\}$。

求导得

$$f_Z(z) = \begin{cases} [F_Z(z)]', & z \in R(z) \\ 0, & z \notin R(z) \end{cases}$$

【例 21】 在射击训练中,以靶心为原点,实际击中的弹着点坐标(X,Y)是二维随机变量且服从正态分布$N(0,0,\sigma_1^2,\sigma_2^2,0)$,求弹着点到靶心距离$Z=\sqrt{X^2+Y^2}$的概率密度。

解 由于$(X,Y) \sim N(0,0,\sigma_1^2,\sigma_2^2,0)$,所以$(X,Y)$的联合概率密度为

$$f(x,y) = \frac{1}{2\pi\sigma^2} e^{-\frac{x^2+y^2}{2\sigma^2}}, -\infty < x < +\infty$$

对任意的$z \geqslant 0$,有

$$F_Z(z) = P(Z \leqslant z) = P(\sqrt{X^2+Y^2} \leqslant z)$$

$$= \iint_{\sqrt{x^2+y^2} \leqslant z} \frac{1}{2\pi\sigma^2} e^{-\frac{x^2+y^2}{2\sigma^2}} \mathrm{d}x\mathrm{d}y$$

利用极坐标求上述二重积分,得

$$F_Z(z) = \int_0^{2\pi} \mathrm{d}\theta \int_0^z \frac{1}{2\pi\sigma^2} e^{-\frac{r^2}{2\sigma^2}} r\mathrm{d}r = \frac{1}{\sigma^2} \int_0^z e^{-\frac{r^2}{2\sigma^2}} r\mathrm{d}r = \frac{z}{\sigma^2} e^{-\frac{z^2}{2\sigma^2}}$$

当$z < 0$时,$F_Z(z) = 0$。从而Z的概率分布为

$$f_Z(z) = [F_Z(z)]' = \begin{cases} \frac{z}{\sigma^2} e^{-\frac{z^2}{2\sigma^2}}, & z \geqslant 0 \\ 0, & z < 0 \end{cases}$$

该分布称为瑞利(Rayleigh)分布。

在理论上对任何形式的$g(X,Y)$,都可计算随机变量$Z=g(X,Y)$的概率密度,但是具体操作上会遇到计算上的麻烦,因此仅就下面几个简单的函数来讨论。

(1)$Z = X + Y$的分布。

设(X,Y)的联合概率密度为$f(x,y)$,则$Z = X + Y$的分布函数为

$$F_Z(z) = P(Z \leqslant z) = \iint_{x+y \leqslant z} f(x,y) \mathrm{d}x\mathrm{d}y$$

积分区域如图 3.6 所示。

化成累次积分,得

$$F_Z(z) = \int_{-\infty}^{+\infty} \left[\int_{-\infty}^{z-y} f(x,y) \mathrm{d}x \right] \mathrm{d}y$$

令$x = u - y$,作变换得

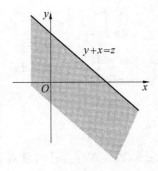

图 3.6

$$F_Z(z) = \int_{-\infty}^{z} \left[\int_{-\infty}^{+\infty} f(u-y, y) \, \mathrm{d}y \right] \mathrm{d}u$$

从而 Z 的概率密度为

$$f_Z(z) = \int_{-\infty}^{+\infty} f(z-y, y) \, \mathrm{d}y$$

由 X,Y 的对称性，Z 的概率密度也可表示为

$$f_Z(z) = \int_{-\infty}^{+\infty} f(x, z-x) \, \mathrm{d}x$$

特别地，设 (X,Y) 关于 X 和 Y 的边缘概率密度分别为 $f_X(z), f_Y(z)$，当 X 和 Y 相互独立时，则 $Z = X + Y$ 的概率密度为

$$f_Z(z) = \int_{-\infty}^{+\infty} f_X(z-y) f_Y(y) \, \mathrm{d}y$$

或

$$f_Z(z) = \int_{-\infty}^{+\infty} f_X(x) f_Y(z-x) \, \mathrm{d}x$$

上述两个公式称为卷积公式，记作 $f_X * f_Y$。

【**例 22**】 设独立同分布的两个随机变量 X,Y 服从标准正态分布 $N(0,1)$，求 $Z = X + Y$ 的概率密度。

解 由 $X \sim N(0,1), Y \sim N(0,1)$，知 X,Y 的概率密度分别为

$$f_X(x) = \frac{1}{\sqrt{2\pi}} \mathrm{e}^{-\frac{x^2}{2}}, \; -\infty < x < +\infty$$

$$f_Y(x) = \frac{1}{\sqrt{2\pi}} \mathrm{e}^{-\frac{y^2}{2}}, \; -\infty < y < +\infty$$

由卷积公式，得

$$f_Z(z) = \int_{-\infty}^{+\infty} f_X(x) f_Y(z-x) \, \mathrm{d}x$$

$$= \frac{1}{2\pi} \int_{-\infty}^{+\infty} e^{-\frac{x^2}{2}} e^{-\frac{(z-x)^2}{2}} dx$$

$$= \frac{e^{-\frac{z^2}{4}}}{2\pi} \int_{-\infty}^{+\infty} e^{-(x-\frac{z}{2})^2} dx$$

$$= \frac{1}{\sqrt{2\pi}} e^{-\frac{z^2}{4}}$$

即 $Z \sim N(0,2)$。

一般地，若 $X \sim N(\mu_1, \sigma_1^2)$，$Y \sim N(\mu_2, \sigma_2^2)$，且 X 与 Y 相互独立，则 $Z = X + Y$ 服从正态分布 $N(\mu_1 + \mu_2, \sigma_1^2 + \sigma_2^2)$。推而广之，有限个相互独立的正态随机变量的线性组合仍然服从正态分布。

【例 23】 设随机变量 X 与 Y 相互独立，其概率密度分别为

$$f_X(x) = \begin{cases} 1, & 0 \leqslant x \leqslant 1 \\ 0, & \text{其他} \end{cases}$$

$$f_Y(y) = \begin{cases} e^{-y}, & y > 0 \\ 0, & \text{其他} \end{cases}$$

求 $Z = X + Y$ 的概率密度。

解 如图 3.7 所示，由公式 $f_Z(z) = \int_{-\infty}^{+\infty} f_X(x) f_Y(z-x) dx$ 及 $f_X(x)$，$f_Y(y)$，可得

当 $0 < z < 1$ 时，

$$f_Z(z) = \int_0^z f_X(x) f_Y(z-x) dx = \int_0^z e^{-(z-x)} dx = 1 - e^{-z}$$

当 $z \geqslant 1$ 时，

$$f_Z(z) = \int_0^1 f_X(x) f_Y(z-x) dx = \int_0^1 e^{-(z-x)} dx = e^{-z}(e-1)$$

故 Z 的概率密度为

$$f_Z(z) = \begin{cases} e^{-z}(e-1), & z \geqslant 1 \\ 1 - e^{-z}, & 0 < z < 1 \\ 0, & z \leqslant 0 \end{cases}$$

(2) $M = \max\{X, Y\}$ 及 $N = \min\{X, Y\}$ 的分布。

设 X, Y 是两个相互独立的随机变量，它们的分布函数分别为 $F_X(x)$ 和 $F_Y(y)$，先求 $M = \max\{X, Y\}$ 的分布函数。

由于事件 $\{M \leqslant z\}$ 等价于 $\{X \leqslant z, Y \leqslant z\}$，故有

$$F_{\max}(z) = P(M \leqslant z) = P(X \leqslant z, Y \leqslant z)$$

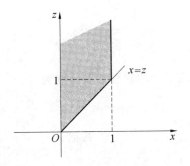

图 3.7

又因为 X 与 Y 是相互独立的,于是 $M = \max\{X, Y\}$ 的分布函数为
$$F_{\max}(z) = P(X \leqslant z)P(Y \leqslant z) = F_X(z)F_Y(z)$$

类似地,可得 $N = \min\{X, Y\}$ 的分布函数为
$$\begin{aligned} F_{\min}(z) &= P(N \leqslant z) = 1 - P(N > z) = 1 - P(X > z, Y > z) \\ &= 1 - P(X > z)P(Y > z) \\ &= 1 - [1 - P(X \leqslant z)][1 - P(Y \leqslant z)] \\ &= 1 - [1 - F_X(z)][1 - F_Y(z)] \end{aligned}$$

上述结果可推广到 n 个独立的随机变量的情况。设 $X_i(i = 1, 2, \cdots, n)$ 是 n 个相互独立的随机变量,它们的分布函数分别为 $F_{X_i}(i = 1, 2, \cdots, n)$,则 $M = \max\{X_1, X_2, \cdots, X_n\}$ 和 $N = \min\{X_1, X_2, \cdots, X_n\}$ 的分布函数分别为
$$F_{\max}(z) = F_{X_1}(z)F_{X_2}(z)\cdots F_{X_n}(z)$$
$$F_{\min}(z) = 1 - [1 - F_{X_1}(z)][1 - F_{X_2}(z)]\cdots[1 - F_{X_n}(z)]$$

特别地,当 $X_i(i = 1, 2, \cdots, n)$ 独立同分布于 $F(x)$ 时,有
$$F_{\max}(z) = [F(z)]^n, \quad F_{\min}(z) = 1 - [1 - F(z)]^n$$

【例 24】 对某种电子装置的输入测量了 5 次,得到的观察值为 $X_1, X_2, \cdots, X_5$,设它们是相互独立的随机变量,且都服从同一分布
$$F(z) = \begin{cases} 1 - e^{-\frac{z^2}{8}}, & z \geqslant 0 \\ 0, & z < 0 \end{cases}$$

试求 $P(\max\{X_1, X_2, X_3, X_4, X_5\} > 4)$。

解 令 $M = \max\{X_1, X_2, X_3, X_4, X_5\}$,由于 X_1, X_2, X_3, X_4, X_5 独立同分布,于是 $F_{\max}(z) = [F(z)]^5$,那么
$$P(M > 4) = 1 - P(M \leqslant 4) = 1 - F_{\max}(4) = 1 - [F(4)]^5 = 1 - (1 - e^{-2})^5$$

习题 3

1. 设二维随机变量 (X,Y) 的联合分布函数为

$$F(x,y) = \begin{cases} \sin x \sin y, & 0 \leqslant x \leqslant \dfrac{\pi}{2}, 0 \leqslant y \leqslant \dfrac{\pi}{2} \\ 0, & \text{其他} \end{cases}$$

求 $P\left(0 < X \leqslant \dfrac{\pi}{4}, \dfrac{\pi}{6} < Y \leqslant \dfrac{\pi}{3}\right)$。

2. 某产品 100 件，其中一等品、二等品和三等品各 80 件、10 件和 10 件，现从中随机取一件，记

$$X_1 = \begin{cases} 1, & \text{取到 1 等品} \\ 0, & \text{取到非一等品} \end{cases}$$

$$X_2 = \begin{cases} 1, & \text{取到 2 等品} \\ 0, & \text{取到非 2 等品} \end{cases}$$

求 (X_1, X_2) 的联合分布律、边缘分布律和 $P(X_1 = X_2)$。

3. 掷一枚均匀硬币两次，设 X 表示第一次出现正面的次数，Y 表示这两次出现正面的次数，试求：(X,Y) 的联合分布律和边缘分布律，并判断 X 与 Y 是否独立。

4. 已知 X 服从参数 $p = 0.6$ 的 $0-1$ 分布，在 $X = 0$ 和 $X = 1$ 的条件下，关于 Y 的条件分布律见表 3.18 和表 3.19。

表 3.18

Y	1	2	3
$P(Y \mid X = 0)$	$\dfrac{1}{4}$	$\dfrac{1}{2}$	$\dfrac{1}{4}$

表 3.19

Y	1	2	3
$P(Y \mid X = 1)$	$\dfrac{1}{2}$	$\dfrac{1}{6}$	$\dfrac{1}{3}$

(1) 求 (X,Y) 的联合分布律；

(2) 求在 $Y \neq 1$ 时关于 X 的条件分布律。

5. 已知随机变量 X 与 Y 的概率分布见表 3.20 和表 3.21。

表 3.20

X	-1	0	1
P	$\frac{1}{4}$	$\frac{1}{2}$	$\frac{1}{4}$

表 3.21

Y	0	1
P	$\frac{1}{2}$	$\frac{1}{2}$

且 $P(XY=0)=1$，求 (X,Y) 的联合分布律及 $P(X+Y=1)$。

6. 火箭发动机性能的两个指标是推力 X 和混合比 Y，设 (X,Y) 的联合概率密度为

$$f(x,y)=\begin{cases}A(x+y-2xy), & 0\leqslant x\leqslant 1, 0\leqslant y\leqslant 1\\ 0, & \text{其他}\end{cases}$$

(1) 求常数 A；

(2) 求 $P(X+Y<1)$；

(3) 求 X 和 Y 的边缘概率密度。

7. 设二维随机变量 (X,Y) 服从区域 $D=\{(x,y)\mid x^2+y^2\leqslant 1\}$ 内的均匀分布，判断 X 与 Y 是否为独立同分布。

8. 设二维随机变量 (X,Y) 的联合概率密度为

$$f(x,y)=\begin{cases}Ae^{-(2x+3y)}, & x>0, y>0\\ 0, & \text{其他}\end{cases}$$

(1) 求常数 A；

(2) 求 X 和 Y 的边缘概率密度；

(3) 判断 X 与 Y 是否相互独立。

9. 设随机变量 X 和 Y 相互独立，其联合分布律见表 3.22。

表 3.22

X \ Y	1	2	3
1	$\frac{1}{6}$	$\frac{1}{9}$	$\frac{1}{18}$
2	$\frac{1}{3}$	a	b

求常数 a 和 b。

10. 设 X 和 Y 分别表示某电子仪器两个部件的寿命(单位 h),已知联合分布函数为

$$F(x,y) = \begin{cases} 1 - e^{-0.5x} - e^{-0.5y} + e^{-0.5(x+y)}, & x \geqslant 0, y \geqslant 0 \\ 0, & \text{其他} \end{cases}$$

(1) 求 X 和 Y 的边缘分布函数;
(2) 判断 X 与 Y 是否相互独立;
(3) 求两个部件的寿命都超过 100 h 的概率。

11. 设随机变量 X 和 Y 相互独立,且在 $(0,1)$ 上服从均匀分布。
(1) 求 (X,Y) 的联合分布;
(2) 求方程 $x^2 + Xx + Y = 0$ 有实根的概率。

12. 设二维随机变量 (X,Y) 的联合概率密度为

$$f(x,y) = \begin{cases} e^{-y}, & y > x > 0 \\ 0, & \text{其他} \end{cases}$$

求 $f_{Y|X}(y|x)$。

13. 设二维随机变量 (X,Y) 的联合分布律见表 3.23。求:
(1) $Z = X + Y$ 的分布律;
(2) $M = \max\{X,Y\}$ 的分布律;
(3) $N = \min\{X,Y\}$ 的分布律。

表 3.23

X \ Y	1	3	4	5
0	0.03	0.14	0.15	0.14
1	0.03	0.09	0.06	0.08
2	0.07	0.10	0.05	0.06

14. 设随机变量 X 和 Y 相互独立,其概率密度分别为

$$f_X(x) = \begin{cases} 1, & 0 \leqslant x \leqslant 1 \\ 0, & \text{其他} \end{cases}$$

$$f_Y(y) = \begin{cases} 2y, & 0 \leqslant y \leqslant 1 \\ 0, & \text{其他} \end{cases}$$

求 $Z = X + Y$ 的概率密度。

15. 设二维随机变量(X,Y)的联合概率密度为
$$f(x,y)=\begin{cases}3x, & 0<x<1, 0<y<x\\ 0, & \text{其他}\end{cases}$$
求$Z=X-Y$的概率密度。

16. 设X服从$(0,1)$上的均匀分布,Y服从$(0,2)$上的均匀分布,且X和Y相互独立,求$Z=\min\{X,Y\}$的概率密度。

第 4 章　随机变量的数字特征

随机变量的分布列或概率密度完整地描述了随机变量的统计规律性,但在许多现象中并不需要了解这个规律性的全貌,而只要知道说明该分布的某些重要特征,这些特征可以用数字来表达,我们把描述随机变量某种特征的数字称为随机变量的数字特征。本章将介绍随机变量常用的数字特征,如变量取平均水平的数学期望和分散程度的方差,以及两个随机变量之间的相关系数、协方差和矩的概念。

4.1　数学期望

本节介绍数学期望的概念、计算,随机变量函数的期望,数学期望的运算性质以及常见分布的数学期望。

4.1.1　数学期望的定义

【引例】(引出数学期望概念的例子)　甲、乙两个工人生产同一种产品,日产量相等,在一天中出现的废品数分别为 X 和 Y,其分布律分别见表 4.1、表 4.2。

表 4.1

X	0	1	2	3	4
p_k	0.4	0.3	0.2	0.1	0

表 4.2

Y	0	1	2	3	4
p_k	0.5	0.1	0.2	0.1	0.1

解　由甲的分布律可知,生产正品的概率是 0.4,即如果生产 10 天,约有 4 天每天都生产正品,约有 3 天每天生产 1 个废品,约有 2 天每天生产 2 个废品,大约有 1 天生产 3 个废品,使用平均值这个概念,因此平均每天生产的废品数大约为

$$\frac{1}{10} \times (0 \times 4 + 1 \times 3 + 2 \times 2 + 3 \times 1 + 4 \times 0)$$
$$= 0 \times \frac{4}{10} + 1 \times \frac{3}{10} + 2\frac{2}{10} + 3 \times \frac{1}{10}$$
$$= 1$$

同样,乙工人平均每天生产的废品数大约为
$$0 \times 0.5 + 1 \times 0.1 + 2 \times 0.2 + 3 \times 0.1 + 4 \times 0.1 = 1.2$$
因此,从平均每天出现的废品数的角度上说,甲的技术比乙的技术要好些。

一般地,反映随机变量"平均"意思的数字特征即平均值,称为数学期望。下面分别给出离散型随机变量和连续性随机变量的数学期望的定义。

1. 离散型随机变量的数学期望的定义

定义1(离散型随机变量的数学期望) 设离散型随机变量 X 的分布律为
$$P\{X = x_k\} = p_k, \quad k = 1, 2, \cdots$$

若级数 $\sum_{k=1}^{+\infty} x_k p_k < +\infty$,则称级数 $\sum_{k=1}^{+\infty} x_k p_k$ 为随机变量 X 的数学期望,简称期望或均值,记作 $E(X)$,即

$$E(X) = \sum_{k=1}^{+\infty} x_k p_k$$

可见离散型随机变量的数学期望是以概率为权的加权平均,由分布律唯一确定。定义中要求级数 $\sum_{k=1}^{+\infty} |x_k| p_k$ 绝对收敛是为了确保级数 $\sum_{k=1}^{+\infty} x_k p_k$ 的收敛性与各项的先后次序无关。常见的随机变量一般都能满足这一要求,实际解题时不需要绝对收敛的验证。另外,当随机变量的取值为有限个时,不需要绝对收敛的条件。

【例1】(0-1分布的数学期望) 设 X 的分布律见表4.3。

表 4.3

X	0	1
p_k	$1-p$	p

求 $E(X)$。

解 $E(X) = 0 \times (1-p) + 1 \times p = p$

【例2】(二项分布的数学期望) 设 X 的分布律为
$$P\{X = k\} = C_n^k p^k q^{n-k}, k = 0, 1, 2, \cdots, n$$
其中,$q = 1 - p$,求 $E(X)$。

解 $E(X) = \sum_{k=0}^{n} k C_n^k p^k q^{n-k}$

$= \sum_{k=1}^{n} k \cdot \frac{n(n-1)(n-2)\cdots(n-k+1)}{k!} p^k q^{n-k}$

$= np \sum_{k=1}^{n} \frac{(n-1)(n-2)\cdots[(n-1)-(k-2)]}{(k-1)!} p^{k-1} q^{(n-1)-(k-1)}$

$= np \sum_{k-1=0}^{n-1} C_{n-1}^{k-1} p^{k-1} q^{(n-1)-(k-1)}$

$= np \, (p+q)^{n-1}$

$= np$

【例3】(泊松分布的数学期望) 设 X 的分布律为

$$P\{X=k\} = \frac{\lambda^k}{k!} e^{-\lambda}, k = 0, 1, 2, \cdots$$

求 $E(X)$。

解 $E(X) = \sum_{k=1}^{+\infty} k \frac{\lambda^k}{k!} e^{-\lambda} = \lambda e^{-\lambda} \sum_{k=1}^{+\infty} \frac{\lambda^{k-1}}{(k-1)!} = \lambda e^{-\lambda} e^{\lambda} = \lambda$

【例4】(求离散型随机变量的数学期望) 甲、乙两个射手,射击成绩分别记为 X 和 Y,其分布律分别见表 4.4、表 4.5。

表 4.4

X	8	9	10
p	0.3	0.1	0.6

表 4.5

Y	8	9	10
p	0.2	0.5	0.3

试问哪一个射手的本领较好?

解 甲、乙的数学期望分别为

$E(X) = 8 \times 0.3 + 9 \times 0.1 + 10 \times 0.6 = 9.3$

$E(Y) = 8 \times 0.2 + 9 \times 0.5 + 10 \times 0.3 = 9.1$

即甲的本领要好些。

2.连续型随机变量的数学期望的定义

定义 2 设连续型随机变量 X 的概率密度为 $f(x)$,若 $\int_{-\infty}^{+\infty} |x| f(x) \mathrm{d}x < +\infty$,则称

$$E(X) = \int_{-\infty}^{+\infty} xf(x)\mathrm{d}x$$

为 X 的数学期望或均值。

连续型随机变量的数学期望可按照高等数学中定积分的思路,将离散型随机变量的求和改为求积分即可,由其概率密度唯一确定。

【例 5】(均匀分布的数学期望) 设 X 的概率密度为

$$f(x) = \begin{cases} \dfrac{1}{b-a}, & a \leqslant x \leqslant b \\ 0, & 其他 \end{cases}$$

求 $E(X)$。

解 $E(X) = \int_{-\infty}^{+\infty} f(x)\mathrm{d}x = \int_a^b x\dfrac{\mathrm{d}x}{b-a} = \dfrac{1}{2}(a+b)$

【例 6】(指数分布的数学期望) 设 X 的概率密度为

$$f(x) = \begin{cases} \dfrac{1}{\theta}\mathrm{e}^{-\frac{x}{\theta}}, & x > 0 \\ 0, & x < 0 \end{cases}$$

求 $E(X)$。

解
$$E(X) = \int_{-\infty}^{+\infty} xf(x)\mathrm{d}x$$
$$= \int_0^{+\infty} x\dfrac{1}{\theta}\mathrm{e}^{-\frac{x}{\theta}}\mathrm{d}x$$
$$= -\int_0^{+\infty} x\mathrm{d}\mathrm{e}^{-\frac{x}{\theta}}$$
$$= -x\mathrm{e}^{-\frac{x}{\theta}}\Big|_0^{+\infty} + \int_0^{+\infty}\mathrm{e}^{-\frac{x}{\theta}}\mathrm{d}x = -\theta\,\mathrm{e}^{-\frac{x}{\theta}}\Big|_0^{+\infty}$$
$$= -\theta(0-1) = \theta$$

【例 7】(正态分布的数学期望) 设 $X \sim N(\mu, \sigma^2)$,求 $E(X)$。

解 $E(X) = \int_{-\infty}^{+\infty} xf(x)\mathrm{d}x = \int_{-\infty}^{+\infty} x\dfrac{1}{\sqrt{2\pi}\sigma}\mathrm{e}^{-\frac{(x-\mu)^2}{2\sigma^2}}\mathrm{d}x$

令 $t = \dfrac{x-\mu}{\sigma}$,则

$$E(X) = \int_{-\infty}^{+\infty} (\mu + t\cdot\sigma)\dfrac{1}{\sqrt{2\pi}}\mathrm{e}^{-\frac{t^2}{2}}\mathrm{d}t = \dfrac{\mu}{\sqrt{2\pi}}\int_{-\infty}^{+\infty}\mathrm{e}^{-\frac{t^2}{2}}\mathrm{d}t = \mu$$

【例 8】(求连续型随机变量的数学期望) 设 X 的概率密度为

$$f(x) = \begin{cases} 3x^2, & 0 < x < 1 \\ 0, & 其他 \end{cases}$$

求 X 的数学期望。

解 $E(X) = \int_{-\infty}^{+\infty} x f(x) \mathrm{d}x = \int_0^1 3x^3 \mathrm{d}x = \frac{3}{4} x^4 \Big|_0^1 = \frac{3}{4}$

4.1.2 随机变量函数的数学期望

已知随机变量 X 的概率分布，设随机变量 Y 是 X 的函数 $Y = g(X)$，对于 Y 的数学期望可直接用下面的定理来计算，而不必求出 Y 的概率分布。

定理 1（离散型随机变量函数的数学期望） 设离散型随机变量 X 的分布律为

$$P\{X = x_k\} = p_k, k = 1, 2, \cdots$$

若级数 $\sum_{k=1}^{+\infty} |g(x_k)| p_k < +\infty$，则 $Y = g(X)$ 的数学期望为

$$E(Y) = E(g(X)) = \sum_{k=1}^{+\infty} g(x_k) p_k$$

证明略。

定理 2（连续型随机变量函数的数学期望） 设连续型随机变量 X 的概率密度为 $f(x)$，若 $\int_{-\infty}^{+\infty} |g(x)| f(x) \mathrm{d}x < +\infty$，则 $Y = g(X)$ 的数学期望为

$$E(Y) = E(g(X)) = \int_{-\infty}^{+\infty} g(x) f(x) \mathrm{d}x$$

证明略。

此定理还可以推广到两个或两个以上随机变量的函数情况。例如，随机变量 (X, Y) 的概率密度为 $f(x, y)$，则 $Z = g(X, Y)$ 的数学期望为

$$E(Z) = E(g(X, Y)) = \int_{-\infty}^{+\infty} \int_{-\infty}^{+\infty} g(x, y) f(x, y) \mathrm{d}x \mathrm{d}y$$

这里要求上式右边的积分绝对收敛。

特别地，当 $g(X, Y) = X$ 或 $g(X, Y) = Y$ 时，则有

$$E(X) = \int_{-\infty}^{+\infty} \int_{-\infty}^{+\infty} x f(x, y) \mathrm{d}x \mathrm{d}y, E(Y) = \int_{-\infty}^{+\infty} \int_{-\infty}^{+\infty} y f(x, y) \mathrm{d}x \mathrm{d}y$$

【**例 9**】（离散型随机变量的练习） 设 X 的分布律见表 4.6

表 4.6

X	-1	0	1	2
P_k	0.1	0.2	0.3	0.4

求 $E(X), E(3X - 2), E(X^2)$。

解 $E(X) = -1 \times 0.1 + 0 \times 0.2 + 1 \times 0.3 + 2 \times 0.4 = 1$

$E(3X-2) = [3 \times (-1) - 2] \times 0.1 + [3 \times (0) - 2] \times 0.2 +$
$\qquad (3 \times 1 - 2) \times 0.3 + (3 \times 2 - 2) \times 0.4 = 1$

$E(X^2) = (-1)^2 \times 0.1 + 0^2 \times 0.2 + 1^2 \times 0.3 + 2^2 \times 0.4 = 2$

【例 10】(连续型随机变量的练习) 已知 X 在 $[0,\pi]$ 上服从均匀分布,求 $E(\cos X), E(X^2)$。

解 X 的概率密度为

$$f(x) = \begin{cases} \dfrac{1}{\pi}, & 0 \leqslant x \leqslant \pi \\ 0, & \text{其他} \end{cases}$$

则

$$E(X) = \int_{-\infty}^{+\infty} \cos x f(x) dx = \int_0^{\pi} \cos x \cdot \frac{1}{\pi} dx = 0$$

$$E(X^2) = \int_{-\infty}^{+\infty} x^2 f(x) dx = \int_0^{\pi} x^2 \cdot \frac{1}{\pi} dx = \frac{1}{3}\pi^2$$

4.1.3 数学期望的性质

性质 1 当 C 为常数时,$E(CX) = CE(X)$。

性质 2 $E(X \pm Y) = E(X) \pm E(Y)$。

性质 3 当 X, Y 相互独立时,$E(XY) = E(X)E(Y)$。

证明 下面仅就连续型情形给出证明,离散型证明的情形与此类似。

(1) 设 X 的概率密度为 $f(x)$,则

$$E(CX) = \int_{-\infty}^{+\infty} Cx f(x) dx = C \int_{-\infty}^{+\infty} x f(x) dx = CE(X)$$

(2) 设 (X, Y) 的概率密度为 $f(x, y)$,则

$$E(X \pm Y) = \int_{-\infty}^{+\infty} \int_{-\infty}^{+\infty} (x \pm y) f(x, y) dx dy$$
$$= \int_{-\infty}^{+\infty} \int_{-\infty}^{+\infty} x f(x, y) dx dy \pm \int_{-\infty}^{+\infty} \int_{-\infty}^{+\infty} y f(x, y) dx dy$$
$$= E(X) \pm E(Y)$$

更一般地,设 $X_1, X_2, \cdots, X_n$ 为 n 个随机变量,$k_1, k_2, \cdots, k_n$ 为常数,则 $E(k_1 X_1 + k_2 X_2 + \cdots + k_n X_n) = k_1 E(X_1) + k_2 E(X_2) + \cdots + k_n E(X_n)$

(3) 当 X,Y 相互独立时,$f(x,y)=f_x(x)f_y(y)$,其中 $f(x,y),f_x(x),f_y(y)$ 依次为 $(X,Y),X,Y$ 的概率密度。从而

$$E(XY) = \int_{-\infty}^{+\infty}\int_{-\infty}^{+\infty} xyf(x,y)\mathrm{d}x\mathrm{d}y$$
$$= \int_{-\infty}^{+\infty}\int_{-\infty}^{+\infty} xyf_x(x)f_y(y)\mathrm{d}x\mathrm{d}y$$
$$= \int_{-\infty}^{+\infty} xf_x(x)\mathrm{d}x \int_{-\infty}^{+\infty} yf_y(y)\mathrm{d}y$$
$$= E(X)E(Y)$$

由数学归纳法可以证明:若 $X_1,X_2,\cdots,X_n$ 为 n 个相互独立的随机变量,则

$$E(X_1 X_2 \cdots X_n) = E(X_1)E(X_2)\cdots E(X_n)$$

【例 11】(利用期望的性质求期望) 设随机变量 X 服从参数为 3 的泊松分布,Y 服从参数为 2 的指数分布,且 X 与 Y 相互独立,求 $E(3X+4Y-2)$ 和 $E(XY)$。

解 由题意知 $E(X)=3,E(Y)=0.5$,因此
$$E(3X+4Y-2)=3E(X)+4E(Y)-2=9$$
$$E(XY)=E(X)E(Y)=3\times 0.5=1.5$$

4.2 方 差

本节介绍随机变量的方差与标准差的概念及计算,方差的性质和常见分布的方差。

4.2.1 方差的定义

数学期望从一个方面反映了随机变量取值的重要特征,但在很多情况下,仅知道均值是不够的,还需要弄清楚每个实际值与平均值的偏差情况,在上节的例子中,工人甲平均每天生产一个次品,当他全天都生产正品时,与平均值的偏离值为 $0-1=-1$,偏离值的平方值为 $(0-1)^2=1$。但工人甲生产正品的概率是 0.4,因为在 10 天中大约 4 天出现偏离的平方为 $(0-1)^2$,因此按"均值"$E(X_甲)$ 的想法,工人甲生产废品的"平均"的平方偏差值为

$$\frac{1}{10}[(0-1)^2\times 4+(1-1)^2\times 3+(2-1)^2\times 2+(3-1)^2\times 1+(4-1)^2\times 0]$$
$$=1\times 0.4+0\times 0.3+1\times 0.2+4\times 0.1=1$$

同理可得,工人乙的"平均"的平方偏差为

$(0-1.2)^2 \times 0.5 + (1-1.2)^2 \times 0.1 + (2-1.2)^2 \times 0.2 + (3-1.2)^2 \times 0.1 + (4-1.2)^2 \times 0.1 = 0.72 + 0.04 + 0.128 + 0.324 + 0.784 = 1.96$

比较以上两式可知，从平方偏离的"平均"值看，工人甲的技术优于工人乙。

对于一般的随机变量 X 的取值有同样问题，一般希望了解 X 的取值与均值 $E(X)$ 的偏离程度，容易想到用 $|X-E(X)|$ 来度量随机变量与其均值 $E(X)$ 的偏离程度，但由于上式带有绝对值且是随机变量，因此通常是用 $E\{[X-E(X)]^2\}$ 来度量 X 取值与其均值 $E(X)$ 的偏离程度，这个数字特征称为 X 的方差。

定义 3 设 X 是随机变量，若 $E\{[X-E(X)]^2\}$ 存在，则称 $E\{[X-E(X)]^2\}$ 为 X 的方差，记为 $D(X)$，即

$$D(X) = E\{[X-E(X)]^2\}$$

同时称 $\sqrt{D(X)}$ 为标准差或均方差，记为 σ_X。

由数学期望的性质有

$$\begin{aligned}D(X) &= E\{[X-E(X)]^2\} \\ &= E[X^2 - 2XE(X) + [E(X)]^2] \\ &= E(X^2) - 2E(X) \cdot E(X) + [E(X)]^2 \\ &= E(X^2) - [E(X)]^2\end{aligned}$$

【例 12】（0－1 分布的方差）设 X 的分布律见表 4.7。

表 4.7

X	0	1
p_k	$1-p$	p

求 $D(X)$。

解 $E(X) = p$，$E(X^2) = 0^2 \times (1-p) + 1^2 \times p = p$，故
$$D(X) = E(X^2) - [E(X)]^2 = p - p^2 = p(1-p)$$

【例 13】（泊松分布的数学期望）设 X 服从参数为 λ 的泊松分布，即 X 的分布律为 $P\{X=k\} = \dfrac{\lambda^k}{k!}e^{-\lambda}$，$k=0,1,2,\cdots$，求 $D(X)$。

解 已知 $E(X) = \lambda$，则

$$\begin{aligned}E(X^2) &= \sum_{k=0}^{+\infty} k^2 \frac{\lambda^k}{k!} e^{-\lambda} \\ &= \sum_{k=0}^{+\infty} (k^2 - k) \frac{\lambda^k}{k!} e^{-\lambda} + \lambda\end{aligned}$$

$$= \sum_{k=0}^{+\infty} k(k-1) \frac{\lambda^k}{k!} e^{-\lambda} + \lambda$$
$$= \lambda^2 + \lambda$$

故
$$D(X) = E(X^2) - [E(X)]^2 = \lambda$$

【例 14】(均匀分布的方差) 设 X 在 $[a,b]$ 服从均匀分布,其概率密度为
$$f(x) = \begin{cases} \dfrac{1}{b-a}, & a \leqslant x \leqslant b \\ 0, & \text{其他} \end{cases}$$
求 $D(X)$。

解
$$E(X) = \frac{1}{2}(a+b)$$
$$E(X^2) = \int_a^b x^2 \frac{1}{b-a} dx = \frac{1}{3}(a^2 + ab + b^2)$$

故
$$D(X) = E(X^2) - [E(X)]^2$$
$$= \frac{1}{3}(a^2 + ab + b^2) - \left[\frac{1}{2}(a+b)\right]^2$$
$$= \frac{1}{12}(b-a)^2$$

【例 15】(指数分布的方差) 设 X 的概率密度为
$$f(x) = \begin{cases} \dfrac{1}{\theta} e^{-\frac{x}{\theta}}, & x > 0 \\ 0, & x < 0 \end{cases}$$
求 $D(X)$。

解
$$E(X) = \theta$$
$$E(X^2) = \int_{-\infty}^{+\infty} x^2 f(x) dx$$
$$= \int_0^{+\infty} x^2 \frac{1}{\theta} e^{-\frac{x}{\theta}} dx$$
$$= -\int_0^{+\infty} x^2 d e^{-\frac{x}{\theta}}$$
$$= -x^2 e^{-\frac{x}{\theta}} \Big|_0^{+\infty} + \int_0^{+\infty} e^{-\frac{x}{\theta}} dx^2$$
$$= 2\theta^2$$

故
$$D(X) = E(X^2) - [E(X)]^2 = 2\theta^2 - \theta^2 = \theta^2$$

【例 16】(正态分布的方差) 设 $X \sim N(\mu, \sigma^2)$，求 $D(X)$。

解 $D(X) = [E(X-\mu)]^2 = \int_{-\infty}^{+\infty} (x-\mu) \frac{1}{\sqrt{2\pi}\sigma} e^{-\frac{(x-\mu)^2}{2\sigma^2}} dx$

令 $t = \dfrac{x-\mu}{\sigma}$，则

$$D(X) = \frac{\sigma^2}{\sqrt{2\pi}} \int_{-\infty}^{+\infty} t^2 e^{-\frac{t^2}{2}} dt = \frac{\sigma^2}{\sqrt{2\pi}} \int_{-\infty}^{+\infty} t\, d(-e^{-\frac{t^2}{2}})$$

$$= \frac{\sigma^2}{\sqrt{2\pi}} \left[(-t e^{-\frac{t^2}{2}}) \Big|_{-\infty}^{+\infty} + \int_{-\infty}^{+\infty} e^{-\frac{t^2}{2}} dt \right]$$

$$= \frac{\sigma^2}{\sqrt{2\pi}} \sqrt{2\pi} = \sigma^2$$

由此可见，一般正态分布中的参数 μ 和 σ^2 分别是随机变量 X 的数学期望和方差，因此只要能给出数学期望及方差，便能确定正态分布。

4.2.2 方差的性质

性质 1 若 C 为常数，则 $D(C) = 0$。

性质 2 若 C 为常数，则 $D(CX) = C^2 D(X)$。

性质 3 若 X_1, X_2 相互独立，则 $D(X_1 + X_2) = D(X_1) + D(X_2)$。

性质 4 $D(X) = 0$ 充要条件是 X 以概率 1 取值于 $E(X)$，即
$$P\{X = E(X)\} = 1$$

证明 $(1) D(C) = E[C - E(C)]^2 = E[C - C]^2 = 0$

$(2) D(CX) = E\{[CX - E(CX)]^2\}$
$= C^2 E\{[X - E(X)]^2\}$
$= C^2 D(X)$

$(3) D(X_1 + X_2) = E\{[X_1 + X_2 - E(X_1 + X_2)]^2\}$
$= E\{[X_1 - E(X_1)]^2 + [X_2 - E(X_2)]^2 +$
$\quad 2[X_1 - E(X_1)][X_2 - E(X_2)]\}$
$= D(X_1) + D(X_2) + 2E\{[X_1 - E(X_1)][X_2 - E(X_2)]\}$

由于 X, Y 相互独立，所以 $X_1 - E(X_1)$ 与 $X_2 - E(X_2)$ 也相互独立，故
$$E\{[X_1 - E(X_1)][X_2 - E(X_2)]\} = E[X_1 - E(X_1)]E[X_2 - E(X_2)] = 0$$
于是有

$$D(X_1 + X_2) = D(X_1) + D(X_2)$$

这一性质可以推广到任意有限多个相互独立的随机变量之和的情况。

(4) 此性质说明,当方差为 0 时,随机变量 X 以概率 1 取值于数学期望这一值上,故方差刻画了随机变量 X 围绕它的数学期望的偏差程度。证明从略。

【例 17】(利用方差性质求二项分布的方差) 设 Y 服从二项分布,即 $Y \sim B(n,p)$,求 $D(Y)$。

解 由于 $Y = X_1 + X_2 + \cdots + X_n$,其中 $X_1, X_2, \cdots, X_n$ 相互独立且每个都服从参数为 p 的 $0-1$ 分布。因此由方差的性质可知

$$D(Y) = D(X_1) + D(X_2) + \cdots + D(X_n)$$

又

$$D(X_i) = p(1-p)$$

故

$$D(Y) = np(1-p)$$

4.3 协方差及相关系数

对于二维随机变量 (X,Y),人们希望有相应的数字特征表达两个随机变量之间联系的紧密程度。本节讨论这方面的数字特征。

4.3.1 协方差的定义

定义 4 设 (X,Y) 是二维随机变量,如果 $E\{[X-E(X)][Y-E(Y)]\}$ 存在,则称它为 X 与 Y 的协方差,记作 $\text{Cov}(X,Y)$,即

$$\text{Cov}(X,Y) = E\{[X-E(X)][Y-E(Y)]\}$$

协方差的计算通常采用下面的公式:

$$\text{Cov}(X,Y) = E(XY) - E(X)E(Y)$$

证明
$$\begin{aligned}
\text{Cov}(X,Y) &= E\{[X-E(X)][Y-E(Y)]\} \\
&= E[XY - XE(Y) - YE(X) + E(X)E(Y)] \\
&= E(XY) - E(X)E(Y) - E(Y)E(X) + E(X)E(Y) \\
&= E(XY) - E(X)E(Y)
\end{aligned}$$

4.3.2 协方差的性质

性质 1 $\text{Cov}(X,Y) = \text{Cov}(Y,X)$。

性质 2 $\text{Cov}(aX,bY) = ab\text{Cov}(X,Y)$,$a,b$ 是常数。

性质 3　$\text{Cov}(X_1+X_2,Y)=\text{Cov}(X_1,Y)+\text{Cov}(X_2,Y)$。

性质 4　若随机变量 X 与 Y 相互独立,则 $\text{Cov}(X,Y)=0$。

证明　若 X 与 Y 相互独立,则 $E(XY)=E(X)E(Y)$,从而
$$\text{Cov}(X,Y)=E(XY)-E(X)E(Y)=0$$

性质 5　对于任意两个随机变量 X 和 Y,则
$$D(X+Y)=D(X)+D(Y)+2\text{Cov}(X,Y)$$

【例 18】(利用公式计算协方差)　设 (X,Y) 的联合概率密度为
$$f(x,y)=\begin{cases}8xy,&0\leqslant y\leqslant x,0\leqslant x\leqslant 1\\0,&\text{其他}\end{cases}$$

求 $\text{Cov}(X,Y)$。

解
$$E(X)=\int_{-\infty}^{+\infty}\int_{-\infty}^{+\infty}xf(x,y)\mathrm{d}x\mathrm{d}y=\int_0^1\left(\int_0^x x8xy\mathrm{d}y\right)\mathrm{d}x=\frac{4}{5}$$

$$E(Y)=\int_{-\infty}^{+\infty}\int_{-\infty}^{+\infty}yf(x,y)\mathrm{d}x\mathrm{d}y=\int_0^1\left(\int_0^x y8xy\mathrm{d}y\right)\mathrm{d}x=\frac{8}{15}$$

$$E(XY)=\int_{-\infty}^{+\infty}\int_{-\infty}^{+\infty}xyf(x,y)\mathrm{d}x\mathrm{d}y=\int_0^1\left(\int_0^x xy8xy\mathrm{d}y\right)\mathrm{d}x=\frac{4}{9}$$

所以
$$\text{Cov}(X,Y)=E(XY)-E(X)E(Y)=\frac{4}{9}-\frac{4}{5}\times\frac{8}{15}=\frac{4}{225}$$

【例 19】(利用协方差性质求方差)　设 X 与 Y 为任意的两个随机变量,且 $D(X)=4,D(Y)=3,\text{Cov}(X,Y)=1$,求 $D(2X-5Y+7)$。

解
$$\begin{aligned}D(2X-5Y+7)&=D(2X-5Y)\\&=4D(X)+25D(Y)+2\times 2\times(-5)\text{Cov}(X,Y)\\&=16+75-20\\&=71\end{aligned}$$

4.3.3　相关系数的定义

定义 5　设 (X,Y) 为二维随机变量,若 $\text{Cov}(X,Y)$ 存在,且 $D(X)>0$,$D(Y)>0$,称
$$\rho_{XY}=\frac{\text{Cov}(X,Y)}{\sqrt{D(X)}\sqrt{D(Y)}}$$

为随机变量 X 与 Y 的相关系数。

若 $\rho_{XY}=0$,则称随机变量 X 与 Y 不相关。

由前面的讨论可知,当随机变量 X 与 Y 相互独立时,有 $\text{Cov}(X,Y)=0$,则

$\rho_{XY}=0$，即 X 与 Y 不相关；但反之，当 X 与 Y 不相关时，X 与 Y 未必独立。

4.3.4 相关系数的性质

性质 1 对任意的随机变量 X 与 Y，有 $|\rho_{XY}|\leqslant 1$。

性质 2 $|\rho_{XY}|=1$ 的充要条件是存在常数 a,b，使 $P\{Y=ax+b\}=1$。

从上述两个性质可以看出 $0\leqslant |\rho_{XY}|\leqslant 1$，当 $|\rho_{XY}|=1$ 时，X 与 Y 的取值几乎呈线性关系 $Y=aX+b$；当 $|\rho_{XY}|=0$ 时，X 与 Y 不相关；当 $0<|\rho_{XY}|<1$ 时，意味着 X 与 Y 的取值具有一般的线性关系，$|\rho_{XY}|$ 越接近 1，X 与 Y 的取值线性相关程度越高；$|\rho_{XY}|$ 越接近 0，X 与 Y 的取值线性相关程度越低。

【例 20】（求相关系数） 计算【例 2】中的相关系数。

解
$$\rho_{XY}=\frac{\text{Cov}(X,Y)}{\sqrt{D(X)}\sqrt{D(Y)}}=\frac{1}{2\sqrt{3}}=\frac{\sqrt{3}}{6}$$

【例 21】（不相关也不独立的例子） 设随机变量 X 服从 $[-1,1]$ 上的均匀分布，又 $Y=X^2$，证明 X 与 Y 不相关也不独立。

解 因为 $Y=X^2$，Y 的值由 X 的值所决定，所以 X 与 Y 不独立。又由
$$E(XY)=E(X^3)=\int_{-1}^{1}x^3\frac{1}{2}\mathrm{d}x=0,\ E(X)=\int_{-1}^{1}x\frac{1}{2}\mathrm{d}x=0$$

所以 $\text{Cov}(X,Y)=0$，$\rho_{XY}=0$，即 X 与 Y 不相关。

4.3.5 矩及协方差矩阵的概念

矩包括原点矩和中心矩，矩也是随机变量的数字特征。

定义 6（矩的定义） 设 X 和 Y 是随机变量，若 $E(X^k)(k=1,2,\cdots)$ 存在，则称它们为 X 的 k 阶原点矩。

若 $E\{[X-E(X)]^k\}(k=1,2,\cdots)$ 存在，则称它为 X 的 k 阶中心矩。

若 $E(X^kY^l)(k=1,2,\cdots)$ 存在，则称它为 X 和 Y 的 $(k+l)$ 阶混合矩。

若 $E\{[X-E(X)]^k[Y-E(Y)]^l\}(k,l=1,2,\cdots)$ 存在，则称它为 X 和 Y 的 $(k+l)$ 阶混合中心矩。

由定义可知，X 的数学期望 $E(X)$ 为 X 的一阶原点矩，方差 $D(X)$ 为 X 的二阶中心矩，且一阶中心矩 $E[X-E(X)]=0$，协方差 $\text{Cov}(X,Y)$ 为 X 和 Y 的二阶混合中心矩。

定义 7（协方差矩阵的定义） 若 n 维随机变量 $(X_1,X_2,\cdots,X_n)$ 的二阶混合中心矩 $\text{Cov}(X_i,X_j)(i,j=1,2,\cdots,n)$ 都存在，则称矩阵

$$C = \begin{bmatrix} \text{Cov}(X_1,X_1) & \text{Cov}(X_1,X_2) & \cdots & \text{Cov}(X_1,X_n) \\ \text{Cov}(X_2,X_1) & \text{Cov}(X_2,X_2) & \cdots & \text{Cov}(X_2,X_n) \\ \vdots & \vdots & & \vdots \\ \text{Cov}(X_n,X_1) & \text{Cov}(X_n,X_2) & \cdots & \text{Cov}(X_n,X_n) \end{bmatrix}$$

为 n 维随机变量 $(X_1,X_2,\cdots,X_n)$ 的协方差矩阵,由 C 的定义可知 C 是对称矩阵,协方差矩阵给出了 n 维随机变量 $(X_1,X_2,\cdots,X_n)$ 的全部二阶混合中心矩,因此在研究 n 维随机变量 $(X_1,X_2,\cdots,X_n)$ 的统计规律时,协方差矩阵是很重要的。

习题 4

1. 设随机变量 (X,Y) 的联合概率密度为
$$f(x,y) = \begin{cases} 24xy, & 0 \leqslant x \leqslant 1, x+y \leqslant 1 \\ 0, & \text{其他} \end{cases}$$
求 $E(X), \text{Cov}(X,Y), \rho_{XY}$ 和 $D(X)$。

2. 证明: $D(X-Y) = D(X) + D(Y) - 2\text{Cov}(X,Y)$。

3. 已知 $D(X) = 25, D(Y) = 1, \rho_{XY} = 0.4$,则 $\text{Cov}(X,Y) = $ _____; $D(X+Y) = $ _____; $D(X-Y) = $ _____。

4. 设二维随机变量 $(X,Y) \sim N(1,1,4,9,0.5)$,则 $\text{Cov}(X,Y) = $ _____。

5. 设二维随机变量 $(X,Y) \sim N(\mu_1,\mu_2,\sigma_1,\sigma_2,\rho)$,若 X 与 Y 不相关,则 $\rho = $ _____。

6. 一次掷 4 枚硬币,设 X 是正面出现的次数,求 X 的数学期望与方差。

7. 设随机变量 X 的概率密度函数为
$$f(x) = \begin{cases} x, & 0 < x \leqslant 1 \\ 2-x, & 1 < x < 2 \\ 0, & \text{其他} \end{cases}$$
求 $E(X)$ 及 $D(X)$。

8. 设随机变量 X 的分布律见表 4.8

表 4.8

X	-1	0	1	2
P	$\frac{1}{8}$	$\frac{1}{2}$	$\frac{1}{8}$	$\frac{1}{4}$

求 $E(X), E(3+2X)$ 和 $D(X)$。

9. 设随机变量 X 的分布函数为

$$F(x)=\begin{cases}0, & x<-1\\ a+b\arcsin x, & -1\leqslant x<1\\ 1, & x\geqslant 1\end{cases}$$

试确定常数 a,b，并求 $E(X)$ 与 $D(X)$。

10. 某产品的次品率为 0.1，检验员每天检验 4 次，每次随机地取 10 件产品进行检验，如果发现其中的次品数多于 1，就去调整设备，以 X 表示一天中调整设备的次数，试求 $E(X)$（设产品是否为次品是相互独立的）。

11. 设随机变量 X 服从 $N(\mu,\sigma^2)$，求 $E|X-\mu|$ 与 $E(a^X)(a>0)$。

12. 设 X 的概率密度为 $\phi(x)=\frac{1}{2}e^{-|x|}$，求 $E(X)$ 与 $D(X)$。

13. 设随机变量 (X,Y) 的联合概率密度为

$$f(x,y)=\begin{cases}12y^2, & 0\leqslant x\leqslant y\leqslant 1\\ 0, & 其他\end{cases}$$

求 $E(X),E(Y)$ 和 $E(X^2+Y^2)$。

14. 将 n 只球放入 M 只盒子中去，设每只球落入各个盒子是等可能的，求有球的盒子数 X 的数学期望。

15. 设 (X,Y) 服从 A 上的均匀分布，其中 A 为 x 轴、y 轴及直线 $x+y+1=0$ 所围成的区域，求 $E(X),E(-3X+2Y)$ 和 $E(XY)$。

16. 设随机变量 X 服从 $(-\frac{1}{2},\frac{1}{2})$ 上的均匀分布，求 $Y=\sin\pi X$ 的数学期望与方差。

17. 一工厂生产的某种设备的寿命 X 服从指数分布，概率密度为

$$f(x)=\begin{cases}\frac{1}{4}e^{-\frac{x}{4}}, & x>0\\ 0, & x\leqslant 0\end{cases}$$

工厂规定，出售的设备若在一年之内损坏可予以调换，若工厂售出一台设备赢利 100 元，调换一台设备厂方需要花 300 元，试求厂方出售一台设备净赢利的数学期望。

18. 设随机变量 (X,Y) 的联合概率密度为

$$f(x,y)=\begin{cases}\dfrac{1}{\pi R^2}, & x^2+y^2\leqslant R,R>0\\ 0, & 其他\end{cases}$$

试证明：X 与 Y 不相关但不独立。

19. 按规定，某车站每天 $8:00\sim 9:00,9:00\sim 10:00$ 都恰有一辆客车到站，

但到站的时刻是随机的,且两者到站的时间相互独立,其规律见表 4.9

表 4.9

到站时间	8:10 9:10	8:30 9:30	8:50 9:50
概率	1/6	3/6	2/6

(1)一旅客 8:00 到车站,求他候车时间的数学期望;

(2)一旅客 8:20 到车站,求他候车时间的数学期望。

20.有 5 个相互独立工作的电子装置,它们的寿命 $X_k(k=1,2,3,4,5)$ 服从同一指数分布,其概率密度为

$$f(x) = \begin{cases} \dfrac{1}{\theta} e^{-\frac{x}{\theta}}, & x > 0, \theta > 0 \\ 0, & x \leqslant 0 \end{cases}$$

(1)若将这 5 个电子装置串联工作组成整机,求整机 N 的数学期望;

(2)若将这 5 个电子装置并联工作组成整机,求整机 M 的数学期望。

第 5 章　　大数定律与中心极限定理

前面曾讲过事件发生的频率具有稳定性,即当随机试验的次数无限增大时,在某种收敛意义下频率趋于某一常数(事件的概率),这就是大数定律研究的内容之一。正是由于有了"大数定律",概率本身才具有其客观意义,有些随机变量受很多随机因素的影响,而其中每个因素对随机变量的作用又很微小,这种随机变量往往近似服从正态分布,这就是"中心极限定理"的内涵及其客观背景。本章将研究这两类问题。

5.1　　大数定律

本节介绍切比雪夫不等式、切比雪夫大数定律和伯努利大数定律。

5.1.1　　切比雪夫不等式

定义 1(依概率收敛)　　设 $X_1, X_2, \cdots, X_n, \cdots$ 是一个随机变量序列,a 是一个常数,若对于任意正数 ε,有

$$\lim_{n\to\infty} P\{|X_n - a| \geqslant \varepsilon\} = 0$$

则称序列 $X_1, X_2, \cdots, X_n, \cdots$ 依概率收敛于 a。记为

$$\lim_{n\to\infty} X_n = a(P) \text{ 或 } X_n \xrightarrow{P} a$$

定理 1(切比雪夫不等式)　　设随机变量 X 具有数学期望 $E(X)$ 和方差 $D(X)$,则对于任意正数 ε,有

$$P\{|X - E(X)| \geqslant \varepsilon\} \leqslant \frac{D(X)}{\varepsilon^2}$$

证明　　仅就连续型随机变量情形给出证明。

设 X 是连续型随机变量,概率密度为 $f(x)$,则

$$P\{|X - E(X)| \geqslant \varepsilon\} = \int_{|x - E(X)| \geqslant \varepsilon} f(x) \mathrm{d}x$$

$$\leqslant \int_{|x - E(X)| \geqslant \varepsilon} \frac{[x - E(X)]^2}{\varepsilon^2} f(x) \mathrm{d}x$$

$$\leqslant \frac{1}{\varepsilon^2}\int_{-\infty}^{+\infty}[x-E(X)]^2 f(x)\mathrm{d}x = \frac{D(X)}{\varepsilon^2}$$

切比雪夫不等式也可以写成如下的形式

$$P\{|X-E(X)|<\varepsilon\} \geqslant 1-\frac{D(X)}{\varepsilon^2}$$

【例1】(利用切比雪夫不等式估算事件发生的概率) 设电站供电网共有 10 000 盏灯,夜晚每盏灯开灯的概率都是 0.7,而假定所有点灯开或关是彼此独立的,试用切比雪夫不等式估计夜晚同时开着的灯数在 6 800～7 200 之间的概率。

解 设 X 表示在夜晚同时开着的灯的数目,显然 $X \sim B(10\,000, 0.7)$,于是有

$$E(X) = np = 10\,000 \times 0.7 = 7000$$
$$D(X) = npq = 10000 \times 0.7 \times 0.3 = 2\,100$$
$$P\{6\,800 < X < 7\,200\} = P\{|X-7\,000|<200\} \geqslant 1 - \frac{2\,100}{200^2} \approx 0.95$$

可见虽有 10 000 盏灯,但是只要有供应 7 000 盏灯的电力就能够以相当大的概率保证够用。

5.1.2 大数定律

定理2(伯努利大数定律) 设在 n 重伯努利试验中,成功的次数为 Y_n,而在每次试验中成功的概率为 $p(0<p<1)$,则对任意 $\varepsilon > 0$,有

$$\lim_{n\to\infty} P\left\{\left|\frac{Y_n}{n}-p\right| \geqslant \varepsilon\right\} = 0$$

证明 由于 $Y_n \sim B(n,p)$,故 $E(Y_n) = np$,$D(Y_n) = npq$,$q = 1-p$,由此得

$$E\left(\frac{Y_n}{n}\right) = p \ , \ D\left(\frac{Y_n}{n}\right) = \frac{1}{n^2}D(Y_n) = \frac{pq}{n}$$

因此由定理1得

$$P\left\{\left|\frac{Y_n}{n}-p\right| \geqslant \varepsilon\right\} \leqslant \frac{pq}{n\varepsilon^2}$$

故

$$\lim_{n\to\infty} P\left\{\left|\frac{Y_n}{n}-p\right| \geqslant \varepsilon\right\} = 0$$

在定理2中,$\frac{Y_n}{n}$ 是在 n 重伯努利试验中成功的频率,而 p 是成功的概率,因

此伯努利大数定律告诉人们：当试验次数 n 足够大时，成功的频率与成功的概率之差的绝对值不小于任一指定的正数 ε 的概率，可以小于任何预先指定的正数，这就是频率稳定性的一种较确切的解释。即当实验次数 n 很大时，事件发生的频率与概率有较大偏差的可能性很小。根据伯努利大数定律，在实际应用中，当实验次数 n 很大时，便可以用频率代替概率。

定理 3（切比雪夫大数定律） 设 $X_1, X_2, \cdots, X_n, \cdots$ 为相互独立的随机变量序列，$E(X_n)$ 和 $D(X_n)$ 都存在，且 $D(X_n) \leqslant C (n=1,2,\cdots)$，$C$ 为常数，则 $\frac{1}{n}\sum_{i=1}^{n} X_i$ 依概率收敛于 $\frac{1}{n}\sum_{i=1}^{n} E(X_i)$，即对任意正数 ε，有

$$\lim_{n \to \infty} P\left(\left|\frac{1}{n}\sum_{i=1}^{n} X_i - \frac{1}{n}\sum_{i=1}^{n} E(X_i)\right| \geqslant \varepsilon\right) = 0$$

证明 $E\left(\frac{1}{n}\sum_{i=1}^{n} X_i\right) = \frac{1}{n} E(X_i)$，$D\left(\frac{1}{n}\sum_{i=1}^{n} X_i\right) = \frac{1}{n^2}\sum_{i=1}^{n} D(X_i)$

故由定理 1 得

$$P\left\{\left|\frac{1}{n}\sum_{i=1}^{n} X_i - \frac{1}{n}\sum_{i=1}^{n} E(X_i)\right| \geqslant \varepsilon\right\} \leqslant \frac{C}{n\varepsilon^2}$$

故

$$\lim_{n \to \infty} P\left\{\left|\frac{1}{n}\sum_{i=1}^{n} X_i - \frac{1}{n}\sum_{i=1}^{n} E(X_i)\right| \geqslant \varepsilon\right\} = 0$$

即 $\frac{1}{n}\sum_{i=1}^{n} X_i$ 依概率收敛于 μ，也就是 n 个随机变量的算术平均，在概率意义下，当 n 无限增大时，无限接近于它们的数学期望。

5.2 中心极限定理

客观实际中有许多随机变量服从正态分布，而这些随机变量都可以看成许多相互独立的起微小作用的随机因素的总和。因此，需要研究相互独立随机变量和的分布问题，而它们的极限分布往往是正态分布，正是这个问题的解决，为概率论的应用提供了重要的理论依据。本节介绍两个常用的中心极限定理。

定理 4（独立同分布的中心极限定理） 设随机变量 $X_1, X_2, \cdots, X_n, \cdots$ 相互独立同分布，$E(X_i) = \mu$，$D(X_i) = \sigma^2 \neq 0$，$i = 1, 2, \cdots$。令

$$Y_n = \frac{\sum_{k=1}^{n} X_k - n\mu}{\sqrt{n}\sigma}, n = 1, 2, \cdots$$

则

$$\lim_{n \to \infty} F_n(x) = \lim_{n \to \infty} P\{Y_n \leqslant x\} = \int_{-\infty}^{x} \frac{1}{\sqrt{2\pi}} e^{-\frac{t^2}{2}} dt$$

证明略。

注：从定理可以看出，Y_n 是 $\sum_{k=1}^{n} X_k$ 经过标准化后得到的，不管 X_k 服从什么分布，只要 n 充分大，随机变量 Y_n 就近似地服从标准正态分布 $N(0,1)$，而随机变量 $\sum_{k=1}^{n} X_k$ 就近似地服从正态分布 $N(n\mu, n\sigma^2)$。

定理 5（棣莫佛－拉普拉斯中心极限定理） 设 f_n 是 n 次独立重复试验中事件发生的次数，p 是事件在每次试验中发生的概率（$0 < p < 1$），$q = 1-p$，则对一切 x，有

$$\lim_{n \to \infty} P\left\{\frac{f_n - np}{\sqrt{npq}} \leqslant x\right\} = \int_{-\infty}^{x} \frac{1}{\sqrt{2\pi}} e^{-\frac{t^2}{2}} dt$$

证明 令 X_i 表示第 i 次实验中事件发生的次数，则 X_i 的分布律为

$$P\{X_i = 1\} = p, P\{X_i = 0\} = q, i = 1, 2, \cdots$$

且 $f_n = X_1 + X_2 + \cdots + X_n, X_1, X_2, \cdots, X_n, \cdots$ 相互独立且同分布。

$$E(X_i) = p, D(X_i) = pq, i = 1, 2, \cdots$$
$$E(f_n) = np, D(f_n) = npq$$

从而由定理 4 得

$$\lim_{n \to \infty} P\left\{\frac{f_n - np}{\sqrt{npq}} \leqslant x\right\} = \int_{-\infty}^{x} \frac{1}{\sqrt{2\pi}} e^{-\frac{t^2}{2}} dt$$

注：由于 $f_n \sim B(n,p)$，所以此定理表明二项分布的极限分布是正态分布。

【例 2】 计算机在进行加法时，对每个加数取整（取最接近它的整数），设所有的取整误差是相互独立的，且它们都在 $(-0.5, 0.5)$ 上服从均匀分布。

(1) 若将 1 500 个数相加，问误差总和的绝对值超过 15 的概率是多少？

(2) 多少个数加在一起使得误差总和的绝对值小于 10 的概率为 0.9。

解 设"每个加数的取整误差"为 $X_i(i = 1, 2, \cdots)$，则 X_i 在 $(-0.5, 0.5)$ 上服从均匀分布，概率密度为

$$f(x) = \begin{cases} 1, & x \in (-0.5, 0.5) \\ 0, & 其他 \end{cases}$$

且 $X_1, X_2, \cdots, X_n, \cdots$ 是相互独立且同分布的随机变量序列,则

$$E(X_i) = \int_{-\infty}^{+\infty} x f(x) \mathrm{d}x = \int_{-0.5}^{0.5} x \mathrm{d}x = 0$$

$$D(X_i) = E(X_i^2) - [E(X_i)]^2 = \int_{-\infty}^{+\infty} x^2 f(x) \mathrm{d}x = \int_{-0.5}^{0.5} x^2 \mathrm{d}x = \frac{0.25}{3}$$

由定理 4, $Y = \dfrac{\sum\limits_{i=1}^{1500} X_i - 1\,500 \times 0}{\sqrt{1\,500} \sqrt{\dfrac{0.25}{3}}}$ 近似服从正态分布 $N(0,1)$,所以

$$P\left\{\left|\sum_{i=1}^{1500} X_i\right| > 15\right\} = P\left\{\frac{\left|\sum\limits_{i=1}^{1500} X_i - 0\right|}{\sqrt{1\,500} \times \sqrt{\dfrac{0.25}{3}}} > \frac{15}{\sqrt{1\,500} \times \sqrt{\dfrac{0.25}{3}}}\right\}$$

$$= P\left\{|Y| > \frac{15}{5 \times \sqrt{5}}\right\}$$

$$= P\{|Y| > 1.341\,6\}$$

$$= P\{Y > 1.341\,6\} + P\{Y < -1.341\,6\}$$

$$\approx 2(1 - \Phi(1.341\,6))$$

$$= 0.108\,2$$

又

$$0.9 = P\left\{\left|\sum_{i=1}^{n} X_i\right| < 10\right\}$$

$$= P\left\{\frac{\sqrt{3}\left|\sum\limits_{i=1}^{n} X_i - 0\right|}{0.5\sqrt{n}} < \frac{10\sqrt{3}}{0.5\sqrt{n}}\right\}$$

$$= P\left\{|Y_n| < \frac{20\sqrt{3}}{\sqrt{n}}\right\}$$

$$= P\left\{\frac{-20\sqrt{3}}{\sqrt{n}} < Y_n < \frac{20\sqrt{3}}{\sqrt{n}}\right\}$$

$$\approx 2\Phi\left(20\sqrt{\frac{3}{n}}\right) - 1$$

所以 $\Phi\left(20\sqrt{\dfrac{3}{n}}\right) = 0.95$。查标准正态分布表(见附表1)得 $\Phi(1.645) = 0.95$。故

$n = \dfrac{400 \times 3}{1.645^2} = 443.445$，因此取 $n = 444$。

这表明大约444个整数相加可以90%的概率保证取整误差总和的绝对值小于10。

【例3】 某电视机厂每周生产10 000台电视机，它的显像管车间的正品率为0.8，为了能以0.997的概率保证出厂的电视机都装上正品显像管，该车间每周应生产多少只显像管？

解 设随机变量为

$$X_n = \begin{cases} 1, & \text{第 } n \text{ 只显像管是正品} \\ 0, & \text{第 } n \text{ 只显像管是次品} \end{cases}$$

则$\{X_n\}$是独立同分布的随机变量序列，且

$$p = P\{X_n = 1\} = 0.8$$

令 $Y_n = \sum_{i=1}^{n} X_i$，使得 $P\{Y_n > 10\,000\} = 0.997$，即

$$P\{Y_n \leqslant 10\,000\} = 0.003$$

从而

$$P\left\{\frac{Y_n - np}{\sqrt{np(1-p)}} \leqslant \frac{10\,000 - np}{\sqrt{np(1-p)}}\right\} \leqslant 0.003 = \Phi(-2.75)$$

由棣莫弗－拉普拉斯中心极限定理知

$$\Phi\left(\frac{10\,000 - np}{\sqrt{np(1-p)}}\right) \leqslant \Phi(-2.75)$$

由标准正态分布的性质得

$$\frac{10\,000 - np}{\sqrt{np(1-p)}} \leqslant -2.75$$

即 $n \geqslant 12\,654.677$。因此，该车间每周应生产12 655只显像管。

习题 5

1. 设 X 为随机变量，$E|X|^k$ 存在$(k > 0)$，试证明：对任意 $\varepsilon > 0$，有

$$P\{|X| \geqslant \varepsilon\} \leqslant \frac{E(|X|^k)}{\varepsilon^k}$$

2. 设 X 为非负随机变量，$E(X)$ 存在，试证明：当 $X > 0$ 时，有

$$P(X < x) \geqslant 1 - \frac{E(X)}{x}$$

3. 用切比雪夫不等式确定当投掷一均匀硬币时,需投掷多少次才能保证使得"正面"出现的频率在 $0.4 \sim 0.6$ 之间的概率不小于 0.9?

4. 一加法器同时收到 20 个噪声电压 $V_k(k=1,2,\cdots,20)$,设它们是相互独立的随机变量,且都在 $(0,10)$ 上服从均匀分布,记 $V = \sum_{k=1}^{20} V_k$,求 $P\{V > 105\}$ 的近似值。

5. 一船舶在某海区航行,已知每遭到一次波浪的冲击,纵摇角大于 $3°$ 的概率为 $P = \frac{1}{3}$,若船舶遭受了 90 000 次波浪冲击,问其中有 29 500 ~ 30 500 次纵摇角大于 $3°$ 的概率是多少?

6. 某单位设置一单位总机,共有 200 架电话分机,设每个电话分机是否使用外线通话是相互独立的,设每时刻每个电话分机有 5% 的概率要使用外线通话,问总机需要多少外线才能以不低于 90% 的概率保证每个分机要使用外线时可供使用?

7. 在一家保险公司里有 10 000 人参加保险,每人每年付 12 元保险费,一年死亡一个人的概率是 0.006,死亡时其家属可向保险公司领得 1 000 元,问:

(1) 保险公司亏本的概率多大?

(2) 保险公司一年的利润不少于 40 000 元、60 000 元的概率各为多少?

8. 重复投掷硬币 100 次,设每次出现正面的概率均为 0.5,问"正面出现次数小于 60 大于 50"的概率是多少?

9. 甲、乙两个电影院在竞争 1 000 个观众,假定每个观众完全随意地选择一个戏院,且观众之间选择戏院是相互独立的,问每个戏院应该设置多少个座位才能保证因缺少座位而使观众离去的概率小于 1%?

10. 已知某厂生产一大批无线元件,合格品占 $\frac{1}{6}$。

(1) 某商店从该厂任选 6 000 个这种元件,试问在这 6 000 个元件中合格品的比例与 $\frac{1}{6}$ 之差小于 1% 的概率是多少?

(2) 欲从中任选 n 件,使选出的这批元件中合格品的比例与 $\frac{1}{6}$ 之差不大于 0.01 的概率不小于 0.95,问至少要选多少只?即 n 应等于多少?

11. 计算机进行加法运算时,把每个加数取为最接近于它的整数来计算,设所有的取整误差是相互独立的随机变量,并且都在 $[-0.5, 0.5]$ 上服从均匀分布,求 300 个数相加时误差总和的绝对值小于 10 的概率。

12. 一个复杂的系统,由 n 个相互独立起作用的部件组成,每个部件的可靠性(正常工作概率)为 0.9 且至少要有 80% 的部件工作才能使系统工作,问 n 至少为多少才能使系统的可靠性为 0.95?

13. 有一批种子,其中良种占 $\frac{1}{6}$,从中任取 6 000 粒,问能以 0.99 的概率保证其中良种的比例与 $\frac{1}{6}$ 相差多少?

第 6 章 统计量及其抽样分布

前面 5 章讲述了概率论的基本内容。在概率论中,我们研究的是随机变量,它的分布情况是已知的,在这一前提下研究它的性质、特点及其规律性。本章我们将讨论数理统计的内容,数理统计的研究对象也是随机现象,但是研究方法不同。在数理统计中,通过对随机现象的观测或试验来获取数据,通过对数据的搜集、整理和分析来获取其中的统计规律性。

本章我们将介绍总体、随机样本以及统计量等基本统计概念,并且介绍一些常用统计量及抽样分布。

6.1 总体和样本

6.1.1 总体

在一个统计问题中,我们把所研究对象的全体称为总体,总体常用随机变量 X 来表示。组成整体的每个基本单元称为个体。如果总体中包含有限个个体,那么该总体为有限总体;否则,如果一个总体包含无限个个体,那么该总体为无限总体。

【例 1】 考察某厂生产的电子元件的寿命,该厂生产的以及将要生产的所有电子元件的寿命即为总体,而每个电子元件的寿命为个体。

【例 2】 研究某大学学生的身高,则该大学的全体学生的身高构成问题的总体,每一个学生的身高即是一个个体。

在上述例题中我们可以看出,具体问题当中,人们关心的往往不是个体的所有方面,如【例 1】中只关心电子元件的寿命,而不是其不合格率;【例 2】中只研究大学生的身高,而不是体重等别的指标。这样一来,抛开实际背景,总体就是一堆数,这堆数有的大有的小,有的出现的机会多,有的出现的机会小,因此可以用一个概率分布去描述总体。如总体 $X \sim N(\mu, \sigma^2)$,即总体 X 服从正态分布,其中 μ 和 σ^2 分别是该总体的均值和方差。

6.1.2 样本

为了了解总体的性质,我们从总体中抽取的n个个体称为容量为n的样本。从总体中抽取样本的过程称为抽样,抽取的样本中所含的个体数量n称为样本容量。

为了使样本能更好地反映总体的情况,从总体中抽取样本,必须满足下述两个条件:

1. 随机性

为了使样本具有充分的代表性,抽样必须是随机的,总体的每个个体都有同等的机会被抽取到,通常可以用编号抽签的方法或利用随机数表来实现。

2. 独立性

每次抽取必须是相互独立的,即每次抽样的结果既不影响其他各次抽样的结果,也不受其他各次抽样结果的影响。

这种随机的独立的抽样方法称为简单随机抽样。由此得到的样本称为简单随机样本。

以后我们所涉及的抽样和样本都假定是简单随机抽样和简单随机样本。

从总体中抽取容量为n的样本,就是对代表总体的随机变量X随机地、独立地进行n次试验(观测),每次试验的结果可以看作是一个随机变量X_i,n次试验的结果就是n个随机变量,即$X_1, X_2, \cdots, X_n$。这些随机变量相互独立,并且与总体X服从相同的分布。于是,我们给出如下的定义。

定义 1　设总体X是具有某一概率分布的随机变量,如果来自总体X的随机变量$X_1, X_2, \cdots, X_n$相互独立,且都具有与X相同的概率分布,则称$X_1, X_2, \cdots, X_n$为总体X的简单随机样本,简称样本,n为样本容量。

在对总体X进行一次具体的抽样并做观测之后,得到样本$X_1, X_2, \cdots, X_n$的确切数值$x_1, x_2, \cdots, x_n$,称为样本观测值(或观测值),简称样本值。

样本$X_1, X_2, \cdots, X_n$所有可能取值的全体称为样本空间,它是n维空间的一个子集。样本观测值$x_1, x_2, \cdots, x_n$是样本空间中的一个点。

如果总体X的分布函数为$F(x)$,则样本$X_1, X_2, \cdots, X_n$的联合分布函数为

$$F(x_1, x_2, \cdots, x_n) = F(x_1)F(x_2)\cdots F(x_n) = \prod_{i=1}^{n} F(x_i)$$

当总体X是离散型随机变量,且有概率密度$P(x)$时,样本$X_1, X_2, \cdots, X_n$的联合概率密度为

$$P\{X_1=x_1, X_2=x_2, \cdots, X_n=x_n\}$$
$$=P\{X_1=x_1\}P\{X_2=x_2\}\cdots P\{X_n=x_n\}$$
$$=\prod_{i=1}^{n}P\{X_i=x_i\}$$

当总体 X 是连续型随机变量,且有概率密度函数 $f(x)$ 时,样本 $X_1, X_2, \cdots, X_n$ 的联合概率密度为

$$f(x_1, x_2, \cdots, x_n) = f(x_1)f(x_2)\cdots f(x_n) = \prod_{i=1}^{n}f(x_i)$$

6.2 统计量和抽样分布

6.2.1 统计量

样本来自总体,包含了总体各方面的信息。为了用样本推断总体的性质,往往需要考虑样本的适当的函数。

定义 2 设 $X_1, X_2, \cdots, X_n$ 是来自总体 X 的样本,若关于样本函数 $T = T(X_1, X_2, \cdots, X_n)$ 中不含有任何未知参数,则称 T 为一个统计量。统计量的分布称为抽样分布。

下面给出在统计中常用的几个统计量及其观测值。

样本均值

$$\overline{X} = \frac{1}{n}\sum_{i=1}^{n}X_i$$

样本方差

$$S^2 = \frac{1}{n-1}\sum_{i=1}^{n}(X_i - \overline{X})^2$$

样本标准差

$$S = \sqrt{\frac{1}{n-1}\sum_{i=1}^{n}(X_i - \overline{X})^2}$$

样本 k 阶原点矩

$$A_k = \frac{1}{n}\sum_{i=1}^{n}X_i^k \quad (k=1,2,\cdots)$$

样本 k 阶中心矩

$$B_k = \frac{1}{n}\sum_{i=1}^{n}(X_i - \overline{X})^k \quad (k=1,2,\cdots)$$

【例3】 从一批人中随机抽取 10 人,测得他们的身高(单位:cm)如下：
173 172 148 160 168 180 152 168 162 177
试求样本均值和样本方差。

解
$$\overline{X} = \frac{1}{n}\sum_{i=1}^{n} X_i = \frac{1}{10}(173+172+\cdots+177) = 166$$

$$S^2 = \frac{1}{n-1}\sum_{i=1}^{n}(X_i - \overline{X})^2$$
$$= \frac{1}{9}[(173-166)^2 + (172-166)^2 + \cdots + (177-166)^2]$$
$$= \frac{982}{9}$$

6.2.2 三大抽样分布

有很多统计推断都是基于标准正态分布的假设,以标准正态为基础构造的三大著名分布在实际中有非常广泛的应用,本节将介绍这三大抽样分布。

1. χ^2 分布

定义3 设 $X_1, X_2, \cdots, X_n$ 为 n 个 ($n \geqslant 1$) 相互独立同分布的随机变量,它们都服从标准正态分布 $N(0,1)$。$Y = \sum_{i=1}^{n} X_i^2$,则随机变量 Y 的分布称为自由度为 n 的 χ^2 分布,并记为 $Y \sim \chi^2(n)$。

若 $Y \sim \chi^2(n)$,则 Y 的概率密度函数为

$$f(y) = \frac{1}{2^{\frac{n}{2}}\Gamma(\frac{n}{2})} y^{\frac{n}{2}-1} e^{-\frac{y}{2}}, \quad y \geqslant 0$$

该密度函数的图像是一个只取非负值的偏态分布,图像如图 6.1 所示。

性质1 设 X, Y 是相互独立的随机变量,且 $X \sim \chi^2(m), Y \sim \chi^2(n)$,则 $X + Y \sim \chi^2(m+n)$。

证明 设 $X_1, \cdots, X_m, X_{m+1}, \cdots, X_{m+n}$ 为取自标准正态总体的 $(m+n)$ 个样本,于是 $X = \sum_{i=1}^{m} X_i$,有 $X \sim \chi^2(m), Y = \sum_{i=m+1}^{m+n} X_i$,则 $Y \sim \chi^2(n)$。又

$$X + Y = \sum_{i=1}^{m+n} X_i$$

故

$$X + Y \sim \chi^2(m+n)$$

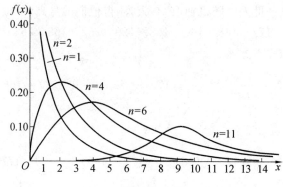

图 6.1

性质 2 若 $\chi^2 \sim \chi^2(n)$,则 $E(\chi^2)=n, D(\chi^2)=2n$。

设 $\chi^2 \sim \chi^2(n)$,对于给定的正数 $\alpha(0<\alpha<1)$,称满足

$$P\{\chi^2 \geqslant \chi_\alpha^2(n)\}=\alpha$$

的点 $\chi_\alpha^2(n)$ 为 $\chi^2(n)$ 分布的上侧 α 分位数,如图 6.2 所示。

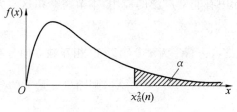

图 6.2

由附表 3 可查得 $\chi_{0.05}^2(10)=18.307, \chi_{0.1}^2(25)=34.382$。

2. t 分布

定义 4 设随机变量 X, Y 相互独立,且 $X \sim N(0,1), Y \sim \chi^2(n)$,则称统计量

$$T=\frac{X}{\sqrt{Y/n}}$$

所服从的分布为自由度为 n 的 t 分布,又称为学生氏(Student)分布,记为 $T \sim t(n)$。

若 $T \sim t(n)$,则 T 的概率密度函数为

$$f(t)=\frac{\Gamma(\frac{n+1}{2})}{\sqrt{n\pi}\Gamma(\frac{n}{2})}\left(1+\frac{t^2}{n}\right)^{-\frac{n+1}{2}}, \quad -\infty<t<+\infty$$

其图像如图 6.3 所示。

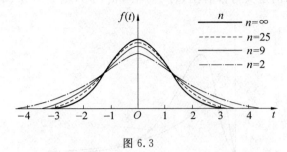

图 6.3

设 $t \sim t_\alpha(n)$，对于给定的正数 $\alpha(0 < \alpha < 1)$，称满足
$$P\{t > t_\alpha(n)\} = \alpha$$
的点 $t_\alpha(n)$ 为 t 分布的上侧 α 分位数，其图像如图 6.4 所示。

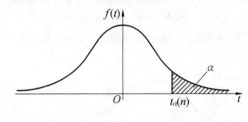

图 6.4

根据 $t_\alpha(n)$ 的定义及 $t(n)$ 分布概率密度曲线的对称性可知
$$t_{1-\alpha}(n) = -t_\alpha(n)$$
由附表 4 可查得 $t_{0.025}(8) = 2.3060$。

3. F 分布

定义 5 设随机变量 X, Y 相互独立，且 $X \sim \chi^2(n_1), Y \sim \chi^2(n_2)$，则称统计量
$$F = \frac{X/n_1}{Y/n_2}$$
服从第一自由度为 n_1，第二自由度为 n_2 的 F 分布，记为 $F \sim F(n_1, n_2)$。

若 $X \sim F(n_1, n_2)$，则 X 的概率密度函数为
$$f(x) = \frac{\Gamma\left(\dfrac{n_1+n_2}{2}\right)}{\Gamma\left(\dfrac{n_1}{2}\right)\Gamma\left(\dfrac{n_2}{2}\right)} \left(\frac{n_1}{n_2}\right)^{\frac{n_1}{2}} x^{\frac{n_1}{2}-1} \left(1+\frac{n_1}{n_2}x\right)^{-\frac{n_1+n_2}{2}}, \quad x > 0$$

其图像如图 6.5 所示。

由 F 分布的定义可以看出，若 $F \sim F(n_1, n_2)$，则 $\frac{1}{F} \sim F(n_2, n_1)$。

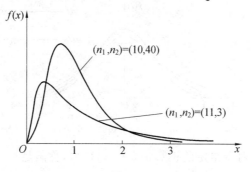

图 6.5

设 $F \sim F_\alpha(n_1, n_2)$，对于给定的 $\alpha(0 < \alpha < 1)$，称满足
$$P\{F > F_\alpha(n_1, n_2)\} = \alpha$$
的点 $F_\alpha(n_1, n_2)$ 为 F 分布的上侧 α 分位数。图(6.6)即为 F 分布的上侧 α 分位数的图像。

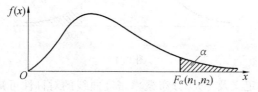

图 6.6

F 分布的上侧 α 分位数具有如下性质：
$$F_{1-\alpha}(n_1, n_2) = \frac{1}{F_\alpha(n_2, n_1)}$$

事实上，设 $F \sim F(n_1, n_2)$，则对于 $\alpha(0 < \alpha < 1)$，有
$$1 - \alpha = P\{F \geqslant F_{1-\alpha}(n_1, n_2)\} = P\left\{\frac{1}{F} \leqslant \frac{1}{F_{1-\alpha}(n_1, n_2)}\right\} = 1 - P\left\{\frac{1}{F} > \frac{1}{F_{1-\alpha}(n_1, n_2)}\right\}$$

于是有 $P\left\{\frac{1}{F} > \frac{1}{F_{1-\alpha}(n_1, n_2)}\right\} = \alpha$，由于 $\frac{1}{F} \sim F(n_2, n_1)$，因此 $\frac{1}{F_{1-\alpha}(n_1, n_2)}$ 就是 $F(n_2, n_1)$ 的上侧 α 分位数，即 $\frac{1}{F_{1-\alpha}(n_1, n_2)} = F_\alpha(n_2, n_1)$，因此 $F_{1-\alpha}(n_1, n_2) = \frac{1}{F_\alpha(n_2, n_1)}$。

附表 5 给出了 $F(n_1, n_2)$ 分布的上侧 $\alpha(0 < \alpha < 1)$ 分位数的数值表，例如 $F_{0.05}(8, 9) = 3.23, F_{0.025}(10, 6) = 5.46$，由 F 分布分位数的性质可得

$$F_{0.975}(6,10) = \frac{1}{F_{0.025}(10,6)} = \frac{1}{5.46} = 0.183。$$

【例 4】 设随机变量 $X \sim t(n), Y = \frac{1}{X^2}$,求统计量 Y 的分布。

解 因为 $X \sim t(n)$,所以设 $X = \frac{U}{\sqrt{V/n}}$,其中 $U \sim N(0,1), V \sim \chi^2(n)$,且 U, V 相互独立,故

$$Y = \frac{1}{X^2} = \frac{1}{\left(\frac{U}{\sqrt{V/n}}\right)^2} = \frac{V/n}{U^2} = \frac{V/n}{U^2/1} \sim F(n,1)$$

【例 5】 设总体 $X \sim N(0, \sigma^2)$,从中抽取样本 $X_1, X_2, \cdots, X_6$,记为

$$Y = (X_1 + X_2 + X_3)^2 + (X_4 + X_5 + X_6)^2$$

试确定常数 C,使得 CY 服从 χ^2 分布,并求 χ^2 分布的自由度。

解 由于 X_i 相互独立,且 $X_i \sim N(0, \sigma^2)$,故有

$$X_1 + X_2 + X_3 \sim N(0, 3\sigma^2), X_4 + X_5 + X_6 \sim N(0, 3\sigma^2)$$

$$\frac{X_1 + X_2 + X_3}{\sqrt{3}\sigma} \sim N(0,1), \frac{X_4 + X_5 + X_6}{\sqrt{3}\sigma} \sim N(0,1)$$

根据卡方分布的定义,有

$$\left(\frac{X_1 + X_2 + X_3}{\sqrt{3}\sigma}\right)^2 + \left(\frac{X_4 + X_5 + X_6}{\sqrt{3}\sigma}\right)^2 \sim \chi^2(2)$$

即

$$\frac{1}{3\sigma^2}Y = \frac{1}{3\sigma^2}[(X_1 + X_2 + X_3)^2 + (X_4 + X_5 + X_6)^2] \sim \chi^2(2)$$

所以 $C = \frac{1}{3\sigma^2}$,χ^2 分布的自由度为 2。

6.2.3 正态总体的抽样分布

正态总体在数理统计中有着特别重要的地位,来自一般正态总体的样本均值和样本方差的抽样分布是应用最广的抽样分布,下面分别加以介绍。

定理 1 设 $X_1, X_2, \cdots, X_n$ 为来自总体 $N(\mu, \sigma^2)$ 的样本,样本均值为 $\overline{X} = \frac{1}{n}\sum_{i=1}^{n} X_i$,则有

$$\overline{X} \sim N\left(\mu, \frac{\sigma^2}{n}\right)$$

证明 由于 n 个相互独立的正态分布的线性组合仍为正态分布,故 $\overline{X} = \frac{1}{n}\sum_{i=1}^{n} X_i$ 服从正态分布。而 $E(\overline{X}) = \mu, D(\overline{X}) = \frac{\sigma^2}{n}$,故 $\overline{X} \sim N\left(\mu, \frac{\sigma^2}{n}\right)$。

推论 1 $X_1, X_2, \cdots, X_n$ 为来自总体 $N(\mu, \sigma^2)$ 的样本,样本均值为 $\overline{X} = \frac{1}{n}\sum_{i=1}^{n} X_i$,则有

$$\frac{\overline{X} - \mu}{\sigma/\sqrt{n}} \sim N(0, 1)$$

定理 2 设 $X_1, X_2, \cdots, X_n$ 为来自总体 $N(\mu, \sigma^2)$ 的样本,样本均值和样本方差分别为 $\overline{X} = \frac{1}{n}\sum_{i=1}^{n} X_i$,$S^2 = \frac{1}{n-1}\sum_{i=1}^{n}(X_i - \overline{X})^2$,则有 $\overline{X}$ 与 S^2 相互独立,且

$$\frac{(n-1)S^2}{\sigma^2} \sim \chi^2(n-1)$$

证明略。

定理 3 设 $X_1, X_2, \cdots, X_n$ 为来自总体 $N(\mu, \sigma^2)$ 的样本,样本均值和样本方差分别为 $\overline{X}$ 和 S^2,则有

$$\frac{\overline{X} - \mu}{S/\sqrt{n}} \sim t(n-1)$$

证明 由推论 1 知

$$\frac{\overline{X} - \mu}{\sigma/\sqrt{n}} \sim N(0, 1)$$

又由定理 2 知 $\frac{(n-1)S^2}{\sigma^2} \sim \chi^2(n-1)$,且 $\overline{X}$ 和 S^2 相互独立,从而由 t 分布的定义,有

$$\frac{\overline{X} - \mu}{S/\sqrt{n}} = \frac{\frac{\overline{X} - \mu}{\sigma/\sqrt{n}}}{\sqrt{\frac{(n-1)S^2}{\sigma^2}\Big/(n-1)}} \sim t(n-1)$$

定理 4 设 $X_1, X_2, \cdots, X_{n_1}$ 和 $Y_1, Y_2, \cdots, Y_{n_2}$ 分别是来自总体 $N(\mu_1, \sigma^2)$ 和总体 $N(\mu_2, \sigma^2)$ 的两个样本,它们相互独立,则

$$\frac{\overline{X} - \overline{Y} - (\mu_1 - \mu_2)}{S_w\sqrt{\frac{1}{n_1} + \frac{1}{n_2}}} \sim t(n_1 + n_2 - 2)$$

其中

$$S_w = \sqrt{\frac{(n_1-1)S_1^2 + (n_2-1)S_2^2}{n_1+n_2-2}}$$

S_1^2 与 S_2^2 分别为两个样本的样本方差。

证明 由定理 1 知

$$\overline{X} \sim N\left(\mu_1, \frac{\sigma^2}{n_1}\right), \overline{Y} \sim N\left(\mu_2, \frac{\sigma^2}{n_2}\right)$$

因 $\overline{X}$ 与 $\overline{Y}$ 独立,故

$$\overline{X} - \overline{Y} \sim N\left(\mu_1 - \mu_2, \frac{\sigma^2}{n_1} + \frac{\sigma^2}{n_2}\right)$$

从而

$$\frac{\overline{X} - \overline{Y} - (\mu_1 - \mu_2)}{\sigma\sqrt{\frac{1}{n_1} + \frac{1}{n_2}}} \sim N(0,1)$$

由定理 2 知

$$\frac{(n_1-1)S_1^2}{\sigma^2} \sim \chi^2(n_1-1)$$

$$\frac{(n_2-1)S_2^2}{\sigma^2} \sim \chi^2(n_2-1)$$

又因二者独立,相互独立的 χ^2 分布具有可加性,得

$$\frac{(n_1-1)S_1^2 + (n_2-1)S_2^2}{\sigma^2} \sim \chi^2(n_1+n_2-2)$$

由定理条件,$\overline{X}, \overline{Y}$ 与 S_1^2, S_2^2 相互独立,故由 t 分布的定义,得

$$\frac{\overline{X}-\overline{Y}-(\mu_1-\mu_2)}{S_w\sqrt{\frac{1}{n_1}+\frac{1}{n_2}}} = \frac{[(\overline{X}-\overline{Y})-(\mu_1-\mu_2)]\Big/\sigma\sqrt{\frac{1}{n_1}+\frac{1}{n_2}}}{\sqrt{\frac{(n_1-1)S_1^2+(n_2-1)S_2^2}{\sigma^2(n_1+n_2-2)}}} \sim t(n_1+n_2-2)$$

定理 5 设 $X_1, X_2, \cdots, X_{n_1}$ 和 $Y_1, Y_2, \cdots, Y_{n_2}$ 分别是来自正态总体 $N(\mu_1, \sigma_1^2)$ 和总体 $N(\mu_2, \sigma_2^2)$ 的两个样本,它们相互独立,则

$$\frac{S_1^2/\sigma_1^2}{S_2^2/\sigma_2^2} \sim F(n_1-1, n_2-1)$$

证明 由定理 2 得

$$\frac{(n_1-1)S_1^2}{\sigma_1^2} \sim \chi^2(n_1-1)$$

$$\frac{(n_2-1)S_2^2}{\sigma_2^2} \sim \chi^2(n_2-1)$$

因为它们相互独立,故由 F 分布的定义,得

$$\frac{S_1^2/\sigma_1^2}{S_2^2/\sigma_2^2} = \frac{\frac{(n_1-1)S_1^2}{\sigma_1^2}\bigg/(n_1-1)}{\frac{(n_2-1)S_2^2}{\sigma_2^2}\bigg/(n_2-1)} \sim F(n_1-1, n_2-1)$$

【例 6】 设总体 $X \sim N(\mu, \sigma^2)$,样本均值为 $\overline{X} = \frac{1}{n}\sum_{i=1}^{n} X_i$,样本方差为 $S^2 = \frac{1}{n-1}\sum_{i=1}^{n}(X_i - \overline{X})^2$,求 $E(\overline{X})$ 和 $E(S^2)$。

解 由于总体 $X \sim N(\mu, \sigma^2)$,根据定理 1 和定理 2,可知

$$\overline{X} \sim N(\mu, \frac{\sigma^2}{n}), \quad \frac{(n-1)S^2}{\sigma^2} \sim \chi^2(n-1)$$

故可得

$$E(\overline{X}) = \mu, E\left[\frac{(n-1)S^2}{\sigma^2}\right] = n-1$$

由此

$$E(S^2) = \frac{\sigma^2}{n-1} \cdot (n-1) = \sigma^2$$

【例 7】 从总体 $N(20,3)$ 中分别独立地抽取容量为 10 和 15 的两个样本,样本均值分别记为 $\overline{X}, \overline{Y}$,求 $P\{|\overline{X} - \overline{Y}| > 0.297\}$。

解 由于 $\overline{X}, \overline{Y}$ 相互独立,且

$$\overline{X} \sim N\left(20, \frac{3}{10}\right), \overline{Y} \sim N\left(20, \frac{3}{15}\right)$$

所以

$$\overline{X} - \overline{Y} \sim N\left(0, \frac{3}{10} + \frac{3}{15}\right)$$

于是有

$$u = \frac{\overline{X} - \overline{Y}}{\sqrt{1/2}} \sim N(0,1)$$

因此可得

$$P\{|\overline{X} - \overline{Y}| > 0.297\}$$
$$= P\left\{\left|\frac{\overline{X} - \overline{Y}}{\sqrt{1/2}}\right| > 0.297\sqrt{2}\right\}$$
$$= P\{|u| > 0.297\sqrt{2}\}$$
$$= P\{|u| > 0.42\}$$

$$= 2[1 - \Phi(0.42)]$$
$$= 0.674\ 4$$

【例8】 分别独立地从正态总体 $N(\mu_1, 4)$ 和 $N(\mu_2, 2)$ 中抽取样本,样本容量分别为 10 和 9,样本方差分别为 S_1^2, S_2^2,求 $P\left\{0.365\ 6 < \dfrac{S_1^2}{S_2^2} < 6.78\right\}$。

解 根据定理 5,有
$$F = \frac{2S_1^2}{4S_2^2} \sim F(9, 8)$$

因此
$$P\left\{0.365\ 6 < \frac{S_1^2}{S_2^2} < 6.78\right\}$$
$$= P\left\{\frac{0.365\ 6}{2} < \frac{S_1^2}{2S_2^2} < \frac{6.78}{2}\right\}$$
$$= P\{0.182\ 8 < F < 3.39\}$$
$$= P\{F > 0.182\ 8\} - P\{F > 3.39\}$$

查附表 5 可得
$$F_{0.05}(9, 8) = 3.39,\ F_{0.99}(9, 8) = \frac{1}{F_{0.01}(8, 9)} = \frac{1}{5.47} = 0.182\ 8$$

由此可得
$$P\left\{0.365\ 6 < \frac{S_1^2}{S_2^2} < 6.78\right\}$$
$$= P\{F > 0.182\ 8\} - P\{F > 3.39\}$$
$$= 0.99 - 0.05$$
$$= 0.94$$

习题 6

1. 总体 X 的样本值见表 6.1。

表 6.1

x_i	42	44	45	46	47	48	49	51
n_i	1	1	2	7	9	3	1	1

表中 n_i 表示样本值中有 n_i 个 x_i,求样本均值和样本方差。

2. 从正态总体 $N(100, 4)$ 中抽取容量为 16 的样本,样本均值为 $\overline{X}$,问 k 取何值时可使 $P\{|\overline{X} - 100| < k\} = 0.95$。

3. 设正态总体 $X \sim N(20,25)$,总体 $Y \sim N(10,4)$,从两个总体中分别独立地抽取容量为 $n_1=10, n_2=8$ 的样本,样本均值分别记为 $\overline{X}, \overline{Y}$,求 $P\{\overline{X}-\overline{Y}>6\}$。

4. 设总体 $X \sim N(\mu,9)$,从总体 X 中抽取容量为 16 的样本,样本方差为 S^2,求 $P\{S^2<16.5\}$。

5. 设随机变量 $X \sim t(n), Y=X^2$,求统计量 Y 的分布。

6. 设随机变量 X 与 Y 相互独立,且 $X \sim N(\mu,\sigma^2)$, $\dfrac{Y}{\sigma^2} \sim \chi^2(n)$,求 $Z=\dfrac{X-\mu}{\sqrt{Y/n}}$ 的分布。

7. 设总体 $X \sim N(0,1)$,从中抽取样本 $X_1, X_2, \cdots, X_6$,记为
$$Y=(X_1+X_2+X_3)^2+(X_4+X_5+X_6)^2$$
试确定常数 C,使得 CY 服从 χ^2 分布,并求 χ^2 分布的自由度。

8. 设 $X_i \sim N(\mu, \sigma^2), i=1,2,\cdots,n,n+1$,记 $\overline{X}, S_n^2$ 为前 n 个样本的样本均值和样本方差,求统计量 T 的分布,其中
$$T=\sqrt{\dfrac{n}{n+1}}\,\dfrac{X_{n+1}-\overline{X}}{S_n}$$

9. 查表求下列各值:
$$\chi^2_{0.05}(20), \chi^2_{0.95}(20), t_{0.01}(10), F_{0.05}(12,15), F_{0.95}(15,12)$$

10. 设在总体 $N(\mu,\sigma^2)$ 中抽取容量为 16 的样本,这里 μ,σ^2 未知,求:

(1) $P\left\{\dfrac{S^2}{\sigma^2} \leqslant 2.041\right\}$;

(2) $D(S^2)$。

11. 设 X_1, X_2, X_3, X_4 是来自正态总体 $N(0,2^2)$ 的简单随机样本, $X=a(X_1-2X_2)^2+b(3X_3-4X_4)^2$,求常数 a,b,使得 $X \sim \chi^2(2)$。

12. 设从正态总体 $N(3.4, 6^2)$ 中抽取容量为 n 的样本,如果要求样本均值位于区间 $(1.4, 5.4)$ 内的概率不小于 0.95,问样本容量 n 至少应多大?

习题答案

习题 1

1. (1) $\Omega = \{1, 2, \cdots, 10\}$

(2) $\Omega = \{(i,j) \mid i, j = 1, 2, \cdots, 6\}$

(3) $\Omega = \{0, 1, 2, 3\}$

(4) $\Omega = \{(x, y, z) \mid x > 0, y > 0, z > 0, x + y + z = 1\}$

2. (1) $A \cup B = \{x \mid 0 \leqslant x \leqslant 3\}$

(2) $AB = \{x \mid 1 \leqslant x \leqslant 2\}$

(3) $\overline{A} = \{x \mid -\infty < x < 0 \text{ 或 } 2 < x < +\infty\}$

(4) $A\overline{B} = \{x \mid 0 \leqslant x < 1\}$

3. (1) $A\overline{B}\,\overline{C}$

(2) $A \cup B \cup C$

(3) $AB \cup BC \cup AC$

(4) $\overline{A} \cup \overline{B} \cup \overline{C}$

(5) $\overline{A} \cup (B \cup C)$

(6) $A\overline{B}\,\overline{C} \cup \overline{A}B\overline{C} \cup \overline{A}\,\overline{B}C$

(7) $AB\overline{C} \cup A\overline{B}C \cup \overline{A}BC$

(8) $\overline{A}\,\overline{B} \cup \overline{B}\,\overline{C} \cup \overline{A}\,\overline{C}$ 或 $\overline{A}\,\overline{B}\,\overline{C} \cup \overline{A}BC \cup A\overline{B}C \cup AB\overline{C} \cup A\overline{B}\,\overline{C}$

4. (1) 成立

(2) 成立

(3) 成立

(4) 成立

(5) 不成立,$(A-B) \cup B = A \cup B$

(6) 不成立,$(A \cup B) - B = A - B$

5. 0.9

6. 0.15;0.5;0.10;0.5

7. $\dfrac{1}{190}$

8. (1) 当 $A \subset B$ 时,$P(AB) = 0.6$;

(2) 当 $A \cup B = \Omega$ 时,$P(AB) = 0.3$。

9. $\dfrac{C_M^n C_{N-M}^{n-m}}{C_N^n}$

10. (1) $1-\left(\dfrac{8}{9}\right)^{25}$

(2) $1-\left(\dfrac{7}{9}\right)^{25}$

(3) $C_{25}^3\left(\dfrac{1}{9}\right)^3\left(\dfrac{8}{9}\right)^{22}$

11. $\dfrac{1}{4}$； $\dfrac{3}{8}$

12. $\dfrac{2}{9}$

13. 0.046

14. 0.097

15. (1) 0.4

(2) 0.486

16. (1) $\dfrac{1}{3}$

(2) $\dfrac{1}{2}$

17. (1) 0.94

(2) 0.85

18. (1) 0.455

(2) 0.14

19. (1) 0.417；

(2) 白色球可能性大。

20. 0.6

21. (1) 0.228 6

(2) 0.049 7

22. (1) 0.309

(2) 0.472

23. 0.998

24. 0.159

习题 2

1. $P\{X=k\} = \dfrac{C_{k-1}^2}{C_5^3}, k=3,4,5$

2.

X	0	1	2	3
P	$\dfrac{1}{8}$	$\dfrac{3}{8}$	$\dfrac{3}{8}$	$\dfrac{1}{8}$

3. $P\{X=k\} = p(1-p)^{k-1}, k=1,2,\cdots$

4.

X	1	2	3	4	5
P	0.9	0.09	0.009	0.000 9	0.000 1

5.

X	0	1	2
P	$\dfrac{5}{6}$	$\dfrac{5}{33}$	$\dfrac{1}{66}$

6.

X	-1	1	2
P	$\dfrac{1}{6}$	$\dfrac{2}{6}$	$\dfrac{3}{6}$

$F(x) = \begin{cases} 0, & x < -1 \\ \dfrac{1}{6}, & -1 \leqslant x < 1 \\ \dfrac{1}{2}, & 1 \leqslant x < 2 \\ 1, & x \geqslant 2 \end{cases}$

图略

7. $\dfrac{2}{3}e^{-2}$

8. $\dfrac{65}{81}$

9. 0.802 1

10. (1) 0.104 2
    (2) 0.997 2

11. 2 个

12. 0.007 5

13. $P\{X=k\}=\left(\dfrac{1}{4}\right)^{k-1}\dfrac{3}{4}, k=1,2,\cdots$

14.

X	2	3	4	5	……	n	……
P	$\dfrac{1}{2}$	$\dfrac{1}{2^2}$	$\dfrac{1}{2^3}$	$\dfrac{1}{2^4}$	……	$\dfrac{1}{2^{n-1}}$	……

15. $P\{X=k\}=\left(\dfrac{25}{36}\right)^{k-1}\dfrac{11}{36}, k=1,2,\cdots$

16. $k=3, P\{X>1\}=\mathrm{e}^{-3}$

17. $\dfrac{3}{4}$

18. (1) $A=1, B=-1$

(2) $f(x)=\begin{cases} x\mathrm{e}^{-\frac{x^2}{2}}, & x>0 \\ 0, & x\leqslant 0 \end{cases}$

(3) $\mathrm{e}^{-\frac{1}{2}}-\mathrm{e}^{-2}$

19. (1) $A=1$

(2) $\mathrm{e}^{-1}-\mathrm{e}^{-2}$

20. $\dfrac{20}{27}$

21. $P\{X=k\}=\mathrm{C}_n^k(0.01)^k(0.99)^{n-k}, k=0,1,2,\cdots,n$

22. (1) $\dfrac{2}{3}$

(2) $\dfrac{8}{27}$

(3) $\dfrac{26}{27}$

23. $P\{X=k\}=\mathrm{C}_5^k \mathrm{e}^{-2k}(1-\mathrm{e}^{-2})^{5-k}, k=0,1,\cdots,5$

$P\{Y\geqslant 1\}=0.516\ 7$

24. (1) $\Phi(1.11)=0.866\ 5$

(2) 符合

25. 2.275%

26. 0.6

27. (1) 0.191

(2)0.999 6

(3)0.697

(4)0.5

28.(1)

Y_1	−6	−4	−2	0	2	4
P	0.1	0.15	0.2	0.25	0.2	0.1

(2)

Y_2	0	1	4	9
P	0.25	0.4	0.25	0.1

29. $f_Y(y) = \dfrac{2e^y}{\pi(1+e^{2y})}, -\infty < y < +\infty$

30.(1) $f_Y(y) = \begin{cases} \dfrac{1}{y}, & 1 < y < e \\ 0, & 其他 \end{cases}$

(2) $f_Y(y) = \begin{cases} \dfrac{1}{2}e^{-\frac{y}{2}}, & y > 0 \\ 0, & y \leq 0 \end{cases}$

31. 略

32. $f_W(w) = \begin{cases} \dfrac{1}{2\sqrt{2w}}, & 162 < w < 242 \\ 0, & 其他 \end{cases}$

33. 183.98 cm

34.(1) 0.064 2

(2)0.009

35.(1) 0.317 4

(2)0.765 1

36. $1 - \sum\limits_{k=0}^{2} C_{100}^{k} 0.05^k 0.95^{100-k} \approx 0.87$(由泊松定理)

37. 0.926 5(由泊松定理); $k=8$ 或 9

习题 3

1. $\dfrac{\sqrt{6}-\sqrt{2}}{4}$

2.

X_1 \ X_2	0	1
0	0.1	0.1
1	0.8	0

X_1	0	1
P	0.2	0.8

X_2	0	1
P	0.9	0.1

$P(X_1 = X_2) = 0.1$

3.

X \ Y	0	1	2
0	$\frac{1}{4}$	$\frac{1}{4}$	0
1	0	$\frac{1}{4}$	$\frac{1}{4}$

X	0	1
P	$\frac{1}{2}$	$\frac{1}{2}$

X	0	1	2
P	$\frac{1}{4}$	$\frac{1}{2}$	$\frac{1}{4}$

不独立

4.

X \ Y	1	2	3
0	0.1	0.2	0.1
1	0.3	0.1	0.2

Y	0	1
$P(X \mid Y \neq 1)$	$\frac{1}{2}$	$\frac{1}{2}$

5.

X \ Y	0	1
−1	$\frac{1}{4}$	0
0	0	$\frac{1}{2}$
1	$\frac{1}{4}$	0

$P(X+Y=1)=\frac{3}{4}$

6. (1) $A=2$

(2) $\frac{1}{2}$

(3) $f_X(y)=\begin{cases}1, & 0\leqslant x\leqslant 1\\ 0, & 其他\end{cases}$, $f_Y(y)=\begin{cases}1, & 0\leqslant y\leqslant 1\\ 0, & 其他\end{cases}$

7. 不独立,同分布

8. (1) 6

(2) $f_X(x)=\begin{cases}2\mathrm{e}^{-2x}, & x>0\\ 0, & 其他\end{cases}$, $f_Y(y)=\begin{cases}3\mathrm{e}^{-3y}, & y>0\\ 0, & 其他\end{cases}$

(3) 独立

9. $a=\frac{2}{9}, b=\frac{1}{9}$

10. (1) $F_X(x)=\begin{cases}1-\mathrm{e}^{-0.5x}, & x\geqslant 0\\ 0, & 其他\end{cases}$, $F_Y(y)=\begin{cases}1-\mathrm{e}^{-0.5y}, & y\geqslant 0\\ 0, & 其他\end{cases}$

(2) 独立

(3) $\mathrm{e}^{-0.1}$

11. (1) $f(x,y)=\begin{cases}1, & 0\leqslant x\leqslant 1, 0\leqslant y\leqslant 1\\ 0, & 其他\end{cases}$

(2) $\frac{1}{12}$

12. $f_{Y|X}(y|x)=\begin{cases}\mathrm{e}^{x-y}, & y>x>0\\ 0, & 其他\end{cases}$

13. (1)

Z	1	2	3	4	5	6	7
P	0.03	0.03	0.21	0.24	0.30	0.13	0.06

(2)

M	1	2	3	4	5
P	0.06	0.07	0.33	0.26	0.28

(3)

N	0	1	2
P	0.46	0.33	0.21

14.
$$f_z(z)=\begin{cases} z^2, & 0 \leqslant z \leqslant 1 \\ 2z-z^2, & 1 < z \leqslant 2 \\ 0, & \text{其他} \end{cases}$$

15.
$$f_z(z)=\begin{cases} \dfrac{3}{2}(z^2-1), & 0 \leqslant z < 1 \\ 0, & \text{其他} \end{cases}$$

16.
$$f_z(z)=\begin{cases} \dfrac{3}{2}-z, & 0 < z < 1 \\ 0, & \text{其他} \end{cases}$$

习题 4

1. $E(X)=\dfrac{2}{5}, \text{Cov}(X,Y)=-\dfrac{2}{75}, \rho_{xy}=-\dfrac{2}{3}, D(X+Y)=\dfrac{2}{75}$

2. 略

3. $\text{Cov}(X,Y)=2, D(X+Y)=30, D(X-Y)=22$

4. $\text{Cov}(X,Y)=4$

5. $\rho=0$

6. $E(X)=2, D(X)=1$

7. $E(X)=1, D(X)=\dfrac{1}{6}$

8. $E(X)=\dfrac{1}{2}, E(3+2X)=4, D(X)=1$

9. $a=\dfrac{1}{2}, b=\dfrac{1}{\pi}, E(X)=0, D(X)=\dfrac{1}{2}$

10. $E(X)=1.0556$

11. $E(|X-\mu|)=\sqrt{\dfrac{2}{\pi}}\sigma, E(a^X)=a^\mu e^{\frac{\sigma^2}{2}\ln^2 a}$

12. $E(X)=0, D(X)=2$

13. $E(X)=\dfrac{4}{5}, E(Y)=\dfrac{3}{5}, E(X^2+Y^2)=\dfrac{16}{15}$

14. $E(X)=M\left[1-\left(1-\dfrac{1}{M}\right)^n\right]$

15. $E(X)=-\dfrac{1}{3}, E(-3X+2Y)=\dfrac{1}{3}, E(XY)=\dfrac{1}{12}$

16. $E(X)=0, D(X)=\dfrac{1}{12}$

17. 33.64

18. 略

19. (1) $E(X)=33.33$ min, (2) $E(X)=27.22$ min

20. (1) $E(N)=\dfrac{\theta}{5}$, (2) $E(M)=\dfrac{137}{60}\theta$

习题 5

1. 略

2. 略

3. $n\geqslant 250$

4. $P(V>105)=0.348$

5. 0.9995

6. 14

7. (1) 0 (2) 0.995, 0.5

8. 0.4772

9. 537

10. (1) 0.96 (2) 5336

11. 0.9554

12. $n=25$

13. 令 $\xi_i=\begin{cases}1, \text{第 } i \text{ 粒为良种}\\ 0, \text{第 } i \text{ 粒不是良种}\end{cases}$, 则 $P\{\xi_i=1\}=\dfrac{1}{6}$, 记 $p=\dfrac{1}{6}, \eta_n=\sum\limits_{i=1}^{n}\xi_i$, 其中 $n=$

$6\,000$,要求 α 使满足 $P\left\{\left|\dfrac{\eta_n}{n} - \dfrac{1}{6}\right| \leqslant \alpha\right\} \geqslant 0.99$。

令 $q = 1 - p, b = \dfrac{n\alpha}{\sqrt{npq}}$,因为 n 很大,由中心极限定理有

$$P\left\{\left|\dfrac{\eta_n}{n} - \dfrac{1}{6}\right| \leqslant \alpha\right\} = P\left\{-b \leqslant \dfrac{\eta_n - np}{\sqrt{npq}} \leqslant b\right\} \approx \dfrac{1}{\sqrt{2\pi}} \int_{-b}^{b} e^{-\frac{x}{2}} dx \geqslant 0.99$$

由附表1标准正态分布表可知,当 $b = 2.60$ 时,即能满足上述不等式,于是知 $a = \dfrac{b}{n}\sqrt{npq} \approx 1.25 \times 10^{-2}$,即能以 0.99 的概率保证其中良种的比例与 $1/6$ 相差不超过 1.25×10^{-4}。

习题 6

1. $\bar{x} = 46.6, s^2 = 2.83$
2. $k = 0.98$
3. 0.9896
4. 0.975
5. $F(1, n)$
6. $t(n)$
7. $C = \dfrac{1}{3}$,自由度为 2
8. $t(n-1)$
9. $31.410, 10.851, 2.7638, 2.48, 0.403$
10. (1) 0.99

    (2) $\dfrac{2\sigma^4}{15}$

11. $a = \dfrac{1}{20}, b = \dfrac{1}{100}$
12. $n \geqslant 35$

附 录

附表 1 标准正态分布表

$$\phi(x) = \int_{-\infty}^{x} \frac{1}{\sqrt{2\pi}} e^{-\frac{t^2}{2}} dt = p\{X \leqslant x\}$$

x	0	0.01	0.02	0.03	0.04	0.05	0.06	0.07	0.08	0.09
0	0.5	0.504	0.508	0.512	0.516	0.519 9	0.523 9	0.527 9	0.531 9	0.535 9
0.1	0.539 8	0.543 8	0.547 8	0.551 7	0.555 7	0.559 6	0.563 6	0.567 5	0.571 4	0.575 3
0.2	0.579 3	0.583 2	0.587 1	0.591	0.594 8	0.598 7	0.602 6	0.606 4	0.610 3	0.614 1
0.3	0.617 9	0.621 7	0.625 5	0.629 3	0.633 1	0.636 8	0.640 6	0.644 3	0.648	0.651 7
0.4	0.655 4	0.659 1	0.662 8	0.666 4	0.67	0.673 6	0.677 2	0.680 8	0.684 4	0.687 9
0.5	0.691 5	0.695	0.698 5	0.701 9	0.705 4	0.708 8	0.712 3	0.715 7	0.719	0.722 4
0.6	0.725 7	0.729 1	0.732 4	0.735 7	0.738 9	0.742 2	0.745 4	0.748 6	0.751 7	0.754 9
0.7	0.758	0.761 1	0.764 2	0.767 3	0.770 3	0.773 4	0.776 4	0.779 4	0.782 3	0.785 2
0.8	0.788 1	0.791	0.793 9	0.796 7	0.799 5	0.802 3	0.805 1	0.807 8	0.810 6	0.813 3
0.9	0.815 9	0.818 6	0.821 2	0.823 8	0.826 4	0.828 9	0.831 5	0.834	0.836 5	0.838 9
1	0.841 3	0.843 8	0.846 1	0.848 5	0.850 8	0.853 1	0.855 4	0.857 7	0.859 9	0.862 1
1.1	0.864 3	0.866 5	0.868 6	0.870 8	0.872 9	0.874 9	0.877	0.879	0.881	0.883
1.2	0.884 9	0.886 9	0.888 8	0.890 7	0.892 5	0.894 4	0.896 2	0.898	0.899 7	0.901 5
1.3	0.903 2	0.904 9	0.906 6	0.908 2	0.909 9	0.911 5	0.913 1	0.914 7	0.916 2	0.917 7
1.4	0.919 2	0.920 7	0.922 2	0.923 6	0.925 1	0.926 5	0.927 8	0.929 2	0.930 6	0.931 9
1.5	0.933 2	0.934 5	0.935 7	0.937	0.938 2	0.939 4	0.940 6	0.941 8	0.943	0.944 1
1.6	0.945 2	0.946 3	0.947 4	0.948 4	0.949 5	0.950 5	0.951 5	0.952 5	0.953 5	0.954 5
1.7	0.955 4	0.956 4	0.957 3	0.958 2	0.959 1	0.959 9	0.960 8	0.961 6	0.962 5	0.963 3
1.8	0.964 1	0.964 8	0.965 6	0.966 4	0.967 1	0.967 8	0.968 6	0.969 3	0.97	0.970 6
1.9	0.971 3	0.971 9	0.972 6	0.973 2	0.973 8	0.974 4	0.975	0.975 6	0.976 2	0.976 7
2	0.977 2	0.977 8	0.978 3	0.978 8	0.979 3	0.979 8	0.980 3	0.980 8	0.981 2	0.981 7

续附表 1

2.1	0.982 1	0.982 6	0.983	0.983 4	0.983 8	0.984 2	0.984 6	0.985	0.985 4	0.985 7
2.2	0.986 1	0.986 4	0.986 8	0.987 1	0.987 4	0.987 8	0.988 1	0.988 4	0.988 7	0.98 9
2.3	0.989 3	0.989 6	0.989 8	0.990 1	0.990 4	0.990 6	0.990 9	0.991 1	0.991 3	0.991 6
2.4	0.991 8	0.992	0.992 2	0.992 5	0.992 7	0.992 9	0.993 1	0.993 2	0.993 4	0.993 6
2.5	0.993 8	0.994	0.994 1	0.994 3	0.994 5	0.994 6	0.994 8	0.994 9	0.995 1	0.995 2
2.6	0.995 3	0.995 5	0.995 6	0.995 7	0.995 9	0.996	0.996 1	0.996 2	0.996 3	0.996 4
2.7	0.996 5	0.996 6	0.996 7	0.996 8	0.996 9	0.997	0.997 1	0.997 2	0.997 3	0.997 4
2.8	0.997 4	0.997 5	0.997 6	0.997 7	0.997 7	0.997 8	0.997 9	0.997 9	0.998	0.998 1
2.9	0.998 1	0.998 2	0.998 2	0.998 3	0.998 4	0.998 4	0.998 5	0.998 5	0.998 6	0.998 6
3	0.998 7	0.999	0.999 3	0.999 5	0.999 7	0.999 8	0.999 8	0.999 9	0.999 9	1
3.1	0.999 032	0.999 065	0.999 096	0.999 126	0.999 155	0.999 184	0.999 211	0.999 238	0.999 264	0.999 289
3.2	0.999 313	0.999 336	0.999 359	0.999 381	0.999 402	0.999 423	0.999 443	0.999 462	0.999 481	0.999 499
3.3	0.999 517	0.999 534	0.999 550	0.999 566	0.999 581	0.999 596	0.999 610	0.999 624	0.999 638	0.999 660
3.4	0.999 663	0.999 675	0.999 687	0.999 698	0.999 709	0.999 720	0.999 730	0.999 740	0.999 749	0.999 760
3.5	0.999 767	0.999 776	0.999 784	0.999 792	0.999 800	0.999 807	0.999 815	0.999 822	0.999 828	0.999 885
3.6	0.999 841	0.999 847	0.999 853	0.999 858	0.999 864	0.999 869	0.999 874	0.999 879	0.999 883	0.999 880
3.7	0.999 892	0.999 896	0.999 900	0.999 904	0.999 908	0.999 912	0.999 915	0.999 918	0.999 922	0.999 926
3.8	0.999 928	0.999 931	0.999 933	0.999 936	0.999 938	0.999 941	0.999 943	0.999 946	0.999 948	0.999 950
3.9	0.999 952	0.999 954	0.999 956	0.999 958	0.999 959	0.999 961	0.999 963	0.999 964	0.999 966	0.999 967
4	0.999 968	0.999 970	0.999 971	0.999 972	0.999 973	0.999 974	0.999 975	0.999 976	0.999 977	0.999 978
4.1	0.999 979	0.999 980	0.999 981	0.999 982	0.999 983	0.999 983	0.999 984	0.999 985	0.999 985	0.999 986
4.2	0.999 987	0.999 987	0.999 988	0.999 988	0.999 989	0.999 989	0.999 990	0.999 990	0.999 991	0.999 991
4.3	0.999 991	0.999 992	0.999 992	0.999 930	0.999 993	0.999 993	0.999 993	0.999 994	0.999 994	0.999 994
4.4	0.999 995	0.999 995	0.999 995	0.999 995	0.999 996	0.999 996	0.999 996	1.000 000	0.999 996	0.999 996
4.5	0.999 997	0.999 997	0.999 997	0.999 997	0.999 997	0.999 997	0.999 997	0.999 998	0.999 998	0.999 998
4.6	0.999 998	0.999 998	0.999 998	0.999 998	0.999 998	0.999 998	0.999 998	0.999 998	0.999 999	0.999 999
4.7	0.999 999	0.999 999	0.999 999	0.999 999	0.999 999	0.999 999	0.999 999	0.999 999	0.999 999	0.999 999
4.8	0.999 999	0.999 999	0.999 999	0.999 999	0.999 999	0.999 999	0.999 999	0.999 999	0.999 999	0.999 999
4.9	1.000 000	1.000 000	1.000 000	1.000 000	1.000 000	1.000 000	1.000 000	1.000 000	1.000 000	1.000 000

附表2 泊松分布表

$$P(X=k) = \frac{\lambda^k}{k!}e^{-\lambda}$$

k \ λ	0.1	0.2	0.3	0.4	0.5	0.6	0.7	0.8
0	0.904 837	0.818 731	0.740 818	0.670 320	0.606 531	0.548 812	0.496 585	0.449 329
1	0.090 484	0.163 746	0.222 245	0.268 128	0.303 265	0.329 287	0.347 610	0.359 463
2	0.004 524	0.016 375	0.033 337	0.053 626	0.075 816	0.098 786	0.121 663	0.143 785
3	0.000 151	0.001 092	0.003 334	0.007 150	0.012 636	0.019 757	0.028 388	0.038 343
4	0.000 004	0.000 055	0.000 250	0.000 715	0.001 580	0.002 964	0.004 968	0.007 669
5		0.000 002	0.000 015	0.000 057	0.000 158	0.000 356	0.000 696	0.001 227
6			0.000 001	0.000 004	0.000 013	0.000 036	0.000 081	0.000 164
7					0.000 001	0.000 003	0.000 008	0.000 019
8							0.000 001	0.000 002
9								

k \ λ	0.9	1.0	1.5	2.0	2.5	3.0	3.5	4.0
0	0.406 570	0.367 879	0.223 130	0.135 335	0.082 085	0.049 787	0.030 197	0.018 316
1	0.365 913	0.367 879	0.334 695	0.270 671	0.205 212	0.149 361	0.105 691	0.073 263
2	0.164 661	0.183 940	0.251 021	0.270 671	0.256 516	0.224 042	0.184 959	0.146 525
3	0.049 398	0.061 313	0.125 511	0.180 447	0.213 763	0.224 042	0.215 785	0.195 367
4	0.011 115	0.015 328	0.047 067	0.090 224	0.133 602	0.168 031	0.188 812	0.195 367
5	0.002 001	0.003 066	0.014 120	0.036 089	0.066 801	0.100 819	0.132 169	0.156 293
6	0.000 300	0.000 511	0.003 530	0.012 030	0.027 834	0.050 409	0.077 098	0.104 196
7	0.000 039	0.000 073	0.000 756	0.003 437	0.009 941	0.021 604	0.038 549	0.059 540
8	0.000 004	0.000 009	0.000 142	0.000 859	0.003 106	0.008 102	0.016 865	0.029 770
9		0.000 001	0.000 024	0.000 191	0.000 863	0.002 701	0.006 559	0.013 231
10			0.000 004	0.000 038	0.000 216	0.000 810	0.002 296	0.005 292
11				0.000 007	0.000 049	0.000 221	0.000 730	0.001 925
12				0.000 001	0.000 010	0.000 055	0.000 213	0.000 642
13					0.000 002	0.000 013	0.000 057	0.000 197
14						0.000 003	0.000 014	0.000 056
15						0.000 001	0.000 003	0.000 015
16							0.000 001	0.000 004
17								0.000 001

续附表 2

k \ λ	4.5	5.0	5.5	6.0	6.5	7.0	7.5	8.0
0	0.011 109	0.006 738	0.004 087	0.002 479	0.001 503	0.000 912	0.000 553	0.000 335
1	0.049 990	0.033 690	0.022 477	0.014 873	0.009 772	0.006 383	0.004 148	0.002 684
2	0.112 479	0.084 224	0.061 812	0.044 618	0.031 760	0.022 341	0.015 555	0.010 735
3	0.168 718	0.140 374	0.113 323	0.089 235	0.068 814	0.052 129	0.038 889	0.028 626
4	0.189 808	0.175 467	0.155 819	0.133 853	0.111 822	0.091 226	0.072 916	0.057 252
5	0.170 827	0.175 467	0.171 401	0.160 623	0.145 369	0.127 717	0.109 375	0.091 604
6	0.128 120	0.146 223	0.157 117	0.160 623	0.157 483	0.149 003	0.136 718	0.122 138
7	0.082 363	0.104 445	0.123 449	0.137 677	0.146 234	0.149 003	0.146 484	0.139 587
8	0.046 329	0.065 278	0.084 871	0.103 258	0.118 815	0.130 377	0.137 329	0.139 587
9	0.023 165	0.036 266	0.051 866	0.068 838	0.085 811	0.101 405	0.114 440	0.124 077
10	0.010 424	0.018 133	0.028 526	0.041 303	0.055 777	0.070 983	0.085 830	0.099 262
11	0.004 264	0.008 242	0.014 263	0.022 529	0.032 959	0.045 171	0.058 521	0.072 190
12	0.001 599	0.003 434	0.006 537	0.011 264	0.017 853	0.026 350	0.036 575	0.048 127
13	0.000 554	0.001 321	0.002 766	0.005 199	0.008 926	0.014 188	0.021 101	0.029 616
14	0.000 178	0.000 472	0.001 087	0.002 228	0.004 144	0.007 094	0.011 304	0.016 924
15	0.000 053	0.000 157	0.000 398	0.000 891	0.001 796	0.003 311	0.005 652	0.009 026
16	0.000 015	0.000 049	0.000 137	0.000 334	0.000 730	0.001 448	0.002 649	0.004 513
17	0.000 004	0.000 014	0.000 044	0.000 118	0.000 279	0.000 596	0.001 169	0.002 124
18	0.000 001	0.000 004	0.000 014	0.000 039	0.000 101	0.000 232	0.000 487	0.000 944
19		0.000 001	0.000 004	0.000 012	0.000 034	0.000 085	0.000 192	0.000 397
20			0.000 001	0.000 004	0.000 011	0.000 030	0.000 072	0.000 159
21				0.000 001	0.000 003	0.000 010	0.000 026	0.000 061
22					0.000 001	0.000 003	0.000 009	0.000 022
23						0.000 001	0.000 003	0.000 008
24							0.000 001	0.000 003
25								0.000 001

续附表 2

k \ λ	8.5	9.0	9.5	10	12	15	18	20
0	0.000 203	0.000 123	0.000 075	0.000 045	0.000 006	0.000 000	0.000 000	0.000 000
1	0.001 729	0.001 111	0.000 711	0.000 454	0.000 074	0.000 005	0.000 000	0.000 000
2	0.007 350	0.004 998	0.003 378	0.002 270	0.000 442	0.000 034	0.000 002	0.000 000
3	0.020 826	0.014 994	0.010 696	0.007 567	0.001 770	0.000 172	0.000 015	0.000 003
4	0.044 255	0.033 737	0.025 403	0.018 917	0.005 309	0.000 645	0.000 067	0.000 014
5	0.075 233	0.060 727	0.048 266	0.037 833	0.012 741	0.001 936	0.000 240	0.000 055
6	0.106 581	0.091 090	0.076 421	0.063 055	0.025 481	0.004 839	0.000 719	0.000 183
7	0.129 419	0.117 116	0.103 714	0.090 079	0.043 682	0.010 370	0.001 850	0.000 523
8	0.137 508	0.131 756	0.123 160	0.112 599	0.065 523	0.019 444	0.004 163	0.001 309
9	0.129 869	0.131 756	0.130 003	0.125 110	0.087 364	0.032 407	0.008 325	0.002 908
10	0.110 388	0.118 580	0.123 502	0.125 110	0.104 837	0.048 611	0.014 985	0.005 816
11	0.085 300	0.097 020	0.106 661	0.113 736	0.114 368	0.066 287	0.024 521	0.010 575
12	0.060 421	0.072 765	0.084 440	0.094 780	0.114 368	0.082 859	0.036 782	0.017 625
13	0.039 506	0.050 376	0.061 706	0.072 908	0.105 570	0.095 607	0.050 929	0.027 116
14	0.023 986	0.032 384	0.041 872	0.052 077	0.090 489	0.102 436	0.065 480	0.038 737
15	0.013 592	0.019 431	0.026 519	0.034 718	0.072 391	0.102 436	0.078 576	0.051 649
16	0.007 221	0.010 930	0.015 746	0.021 699	0.054 293	0.096 034	0.088 397	0.064 561
17	0.003 610	0.005 786	0.008 799	0.012 764	0.038 325	0.084 736	0.093 597	0.075 954
18	0.001 705	0.002 893	0.004 644	0.007 091	0.025 550	0.070 613	0.093 597	0.084 394
19	0.000 763	0.001 370	0.002 322	0.003 732	0.016 137	0.055 747	0.088 671	0.088 835
20	0.000 324	0.000 617	0.001 103	0.001 866	0.009 682	0.041 810	0.079 804	0.088 835
21	0.000 131	0.000 264	0.000 499	0.000 889	0.005 533	0.029 865	0.068 403	0.084 605
22	0.000 051	0.000 108	0.000 215	0.000 404	0.003 018	0.020 362	0.055 966	0.076 914
23	0.000 019	0.000 042	0.000 089	0.000 176	0.001 574	0.013 280	0.043 800	0.066 881
24	0.000 007	0.000 016	0.000 035	0.000 073	0.000 787	0.008 300	0.032 850	0.055 735
25	0.000 002	0.000 006	0.000 013	0.000 029	0.000 378	0.004 980	0.023 652	0.044 588
26	0.000 001	0.000 002	0.000 005	0.000 011	0.000 174	0.002 873	0.016 374	0.034 298
27		0.000 001	0.000 002	0.000 004	0.000 078	0.001 596	0.010 916	0.025 406
28			0.000 001	0.000 001	0.000 033	0.000 855	0.007 018	0.018 147
29				0.000 001	0.000 014	0.000 442	0.004 356	0.012 515
30					0.000 005	0.000 221	0.002 613	0.008 344
31					0.000 002	0.000 107	0.001 517	0.005 383
32					0.000 001	0.000 050	0.000 854	0.003 364
33						0.000 023	0.000 466	0.002 039
34						0.000 010	0.000 246	0.001 199
35						0.000 004	0.000 127	0.000 685
36						0.000 002	0.000 063	0.000 381
37						0.000 001	0.000 031	0.000 206
38							0.000 015	0.000 108
39							0.000 007	0.000 056

附表 3 χ^2 分布表

$P\{\chi^2(n) > \chi_\alpha^2(n)\} = \alpha$

n \ α	0.995	0.99	0.975	0.95	0.9	0.75
1	0.000	0.000	0.001	0.004	0.016	0.102
2	0.010	0.020	0.051	0.103	0.211	0.575
3	0.072	0.115	0.216	0.352	0.584	1.213
4	0.207	0.297	0.484	0.711	1.064	1.923
5	0.412	0.554	0.831	1.145	1.610	2.675
6	0.676	0.872	1.237	1.635	2.204	3.455
7	0.989	1.239	1.690	2.167	2.833	4.255
8	1.344	1.646	2.180	2.733	3.490	5.071
9	1.735	2.088	2.700	3.325	4.168	5.899
10	2.156	2.558	3.247	3.940	4.865	6.737
11	2.603	3.053	3.816	4.575	5.578	7.584
12	3.074	3.571	4.404	5.226	6.304	8.438
13	3.565	4.107	5.009	5.892	7.042	9.299
14	4.075	4.660	5.629	6.571	7.790	10.165
15	4.601	5.229	6.262	7.261	8.547	11.037
16	5.142	5.812	6.908	7.962	9.312	11.912
17	5.697	6.408	7.564	8.672	10.085	12.792
18	6.265	7.015	8.231	9.390	10.865	13.675
19	6.844	7.633	8.907	10.117	11.651	14.562
20	7.434	8.260	9.591	10.851	12.443	15.452
21	8.034	8.897	10.283	11.591	13.240	16.344
22	8.643	9.542	10.982	12.338	14.041	17.240
23	9.260	10.196	11.689	13.091	14.848	18.137
24	9.886	10.856	12.401	13.848	15.659	19.037
25	10.520	11.524	13.120	14.611	16.473	19.939
26	11.160	12.198	13.844	15.379	17.292	20.843
27	11.808	12.879	14.573	16.151	18.114	21.749
28	12.461	13.565	15.308	16.928	18.939	22.657
29	13.121	14.256	16.047	17.708	19.768	23.567
30	13.787	14.953	16.791	18.493	20.599	24.478

续附表 3

n \ α	0.995	0.99	0.975	0.95	0.9	0.75
31	14.458	15.655	17.539	19.281	21.434	25.390
32	15.134	16.362	18.291	20.072	22.271	26.304
33	15.815	17.074	19.047	20.867	23.110	27.219
34	16.501	17.789	19.806	21.664	23.952	28.136
35	17.192	18.509	20.569	22.465	24.797	29.054
36	17.887	19.233	21.336	23.269	25.643	29.973
37	18.586	19.960	22.106	24.075	26.492	30.893
38	19.289	20.691	22.878	24.884	27.343	31.815
39	19.996	21.426	23.654	25.695	28.196	32.737
40	20.707	22.164	24.433	26.509	29.051	33.660
41	21.421	22.906	25.215	27.326	29.907	34.585
42	22.138	23.650	25.999	28.144	30.765	35.510
43	22.859	24.398	26.785	28.965	31.625	36.436
44	23.584	25.148	27.575	29.787	32.487	37.363
45	24.311	25.901	28.366	30.612	33.350	38.291
46	25.041	26.657	29.160	31.439	34.215	39.220
47	25.775	27.416	29.956	32.268	35.081	40.149
48	26.511	28.177	30.755	33.098	35.949	41.079
49	27.249	28.941	31.555	33.930	36.818	42.010
50	27.991	29.707	32.357	34.764	37.689	42.942
51	28.735	30.475	33.162	35.600	38.560	43.874
52	29.481	31.246	33.968	36.437	39.433	44.808
53	30.230	32.018	34.776	37.276	40.308	45.741
54	30.981	32.793	35.586	38.116	41.183	46.676
55	31.735	33.570	36.398	38.958	42.060	47.610
56	32.490	34.350	37.212	39.801	42.937	48.546
57	33.248	35.131	38.027	40.646	43.816	49.482
58	34.008	35.913	38.844	41.492	44.696	50.419
59	34.770	36.698	39.662	42.339	45.577	51.356
60	35.534	37.485	40.482	43.188	46.459	52.294

续附表 3

α \ n	0.995	0.99	0.975	0.95	0.9	0.75
61	36.301	38.273	41.303	44.038	47.342	53.232
62	37.068	39.063	42.126	44.889	48.226	54.171
63	37.838	39.855	42.950	45.741	49.111	55.110
64	38.610	40.649	43.776	46.595	49.996	56.050
65	39.383	41.444	44.603	47.450	50.883	56.990
66	40.158	42.240	45.431	48.305	51.770	57.931
67	40.935	43.038	46.261	49.162	52.659	58.872
68	41.713	43.838	47.092	50.020	53.548	59.814
69	42.494	44.639	47.924	50.879	54.438	60.756
70	43.275	45.442	48.758	51.739	55.329	61.698
71	44.058	46.246	49.592	52.600	56.221	62.641
72	44.843	47.051	50.428	53.462	57.113	63.585
73	45.629	47.858	51.265	54.325	58.006	64.528
74	46.417	48.666	52.103	55.189	58.900	65.472
75	47.206	49.475	52.942	56.054	59.795	66.417
76	47.997	50.286	53.782	56.920	60.690	67.362
77	48.788	51.097	54.623	57.786	61.586	68.307
78	49.582	51.910	55.466	58.654	62.483	69.252
79	50.376	52.725	56.309	59.522	63.380	70.198
80	51.172	53.540	57.153	60.391	64.278	71.145
81	51.969	54.357	57.998	61.261	65.176	72.091
82	52.767	55.174	58.845	62.132	66.076	73.038
83	53.567	55.993	59.692	63.004	66.976	73.985
84	54.368	56.813	60.540	63.876	67.876	74.933
85	55.170	57.634	61.389	64.749	68.777	75.881
86	55.973	58.456	62.239	65.623	69.679	76.829
87	56.777	59.279	63.089	66.498	70.581	77.777
88	57.582	60.103	63.941	67.373	71.484	78.726
89	58.389	60.928	64.793	68.249	72.387	79.675
90	59.196	61.754	65.647	69.126	73.291	80.625

续附表 3

n \ α	0.995	0.99	0.975	0.95	0.9	0.75
91	60.005	62.581	66.501	70.003	74.196	81.574
92	60.815	63.409	67.356	70.882	75.100	82.524
93	61.625	64.238	68.211	71.760	76.006	83.474
94	62.437	65.068	69.068	72.640	76.912	84.425
95	63.250	65.898	69.925	73.520	77.818	85.376
96	64.063	66.730	70.783	74.401	78.725	86.327
97	64.878	67.562	71.642	75.282	79.633	87.278
98	65.694	68.396	72.501	76.164	80.541	88.229
99	66.510	69.230	73.361	77.046	81.449	89.181
100	67.328	70.065	74.222	77.929	82.358	90.133
101	68.146	70.901	75.083	78.813	83.267	91.085
102	68.965	71.737	75.946	79.697	84.177	92.038
103	69.785	72.575	76.809	80.582	85.088	92.991
104	70.606	73.413	77.672	81.468	85.998	93.944
105	71.428	74.252	78.536	82.354	86.909	94.897
106	72.251	75.092	79.401	83.240	87.821	95.850
107	73.075	75.932	80.267	84.127	88.733	96.804
108	73.899	76.774	81.133	85.015	89.645	97.758
109	74.724	77.616	82.000	85.903	90.558	98.712
110	75.550	78.458	82.867	86.792	91.471	99.666
111	76.377	79.302	83.735	87.681	92.385	100.620
112	77.204	80.146	84.604	88.570	93.299	101.575
113	78.033	80.991	85.473	89.461	94.213	102.530
114	78.862	81.836	86.342	90.351	95.128	103.485
115	79.692	82.682	87.213	91.242	96.043	104.440
116	80.522	83.529	88.084	92.134	96.958	105.396
117	81.353	84.377	88.955	93.026	97.874	106.352
118	82.185	85.225	89.827	93.918	98.790	107.307
119	83.018	86.074	90.700	94.811	99.707	108.263
120	83.852	86.923	91.573	95.705	100.624	109.220

附表 4 t 分布表

$P\{t(n) > t_\alpha(n)\} = \alpha$

n \ α	0.25	0.2	0.15	0.1	0.05	0.025	0.01	0.005	0.0025	0.001	0.0005
1	1	1.376	1.963	3.078	6.314	12.71	31.82	63.66	127.3	318.3	636.6
2	0.816	1.061	1.386	1.886	2.92	4.303	6.965	9.925	14.09	22.33	31.6
3	0.765	0.978	1.25	1.638	2.353	3.182	4.541	5.841	7.453	10.21	12.92
4	0.741	0.941	1.19	1.533	2.132	2.776	3.747	4.604	5.598	7.173	8.61
5	0.727	0.92	1.156	1.476	2.015	2.571	3.365	4.032	4.773	5.893	6.869
6	0.718	0.906	1.134	1.44	1.943	2.447	3.143	3.707	4.317	5.208	5.959
7	0.711	0.896	1.119	1.415	1.895	2.365	2.998	3.499	4.029	4.785	5.408
8	0.706	0.889	1.108	1.397	1.86	2.306	2.896	3.355	3833	4.501	5.041
9	0.703	0.883	1.1	1.383	1.833	2.262	2.821	3.25	3.69	4.297	4.781
10	0.7	0.879	1.093	1.372	1.812	2.228	2.764	3.169	3.581	4.144	4.587
11	0.697	0.876	1.088	1.363	1.796	2.201	2.718	3.106	3.497	4.025	4.437
12	0.695	0.873	1.083	1.356	1.782	2.179	2.681	3.055	3.428	3.93	4.318
13	0.694	0.87	1.079	1.35	1.771	2.16	2.65	3.012	3.372	3.852	4.221
14	0.692	0.868	1.076	1.345	1.761	2.145	2.624	2.977	3.326	3.787	4.14
15	0.691	0.866	1.074	1.341	1.753	2.131	2.602	2.947	3.286	3.733	4.073
16	0.69	0.865	1.071	1.337	1.746	2.12	2.583	2.921	3.252	3.686	4.015
17	0.689	0.863	1.069	1.333	1.74	2.11	2.567	2.898	3.222	3.646	3.965
18	0.688	0.862	1.067	1.33	1.734	2.101	2.552	2.878	3.197	3.61	3.922
19	0.688	0.861	1.066	1.328	1.729	2.093	2.539	2.861	3.174	3.579	3.883
20	0.687	0.86	1.064	1.325	1.725	2.086	2.528	2.845	3.153	3.552	3.85
21	0.686	0.859	1.063	1.323	1.721	2.08	2.518	2.831	3.135	3.527	3.819
22	0.686	0.858	1.061	1.321	1.717	2.074	2.508	2.819	3.119	3.505	3.792
23	0.685	0.858	1.06	1.319	1.714	2.069	2.5	2.807	3.104	3.485	3.767
24	0.685	0.857	1.059	1.318	1.711	2.064	2.492	2.797	3.091	3.467	3.745
25	0.684	0.856	1.058	1.316	1.708	2.06	2.485	2.787	3.078	3.45	3.725
26	0.684	0.856	1.058	1.315	1.706	2.056	2.479	2.779	3.067	3.435	3.707
27	0.684	0.855	1.057	1.314	1.703	2.052	2.473	2.771	3.057	3.421	3.69
28	0.683	0.855	1.056	1.313	1.701	2.048	2.467	2.763	3.047	3.408	3.674
29	0.683	0.854	1.055	1.311	1.699	2.045	2.462	2.756	3.038	3.396	3.659
30	0.683	0.854	1.055	1.31	1.697	2.042	2.457	2.75	3.03	3.385	3.646
40	0.681	0.851	1.05	1.303	1.684	2.021	2.423	2.704	2.971	3.307	3.551
50	0.679	0.849	1.047	1.299	1.676	2.009	2.403	2.678	2937	3.261	3.496
60	0.679	0.848	1.045	1.296	1.671	2	2.39	2.66	2.915	3.232	3.46
80	0.678	0.846	1.043	1.292	1.664	1.99	2.374	2.639	2.887	3.195	3.416
100	0.677	0.845	1.042	1.29	1.66	1.984	2.364	2.626	2.871	3.174	3.39
120	0.677	0.845	1.041	1.289	1.658	1.98	2.358	2.617	2.86	3.16	3.373
∞	0.674	0.842	1036	1.282	1.645	1.96	2.326	2.576	2.807		

附表 5 F 分布表

$P\{F(n_1, n_2) > F_\alpha(n_1, n_2)\} = \alpha$

$\alpha = 0.10$

n_2 \ n_1	1	2	3	4	5	6	7	8	9	10	12	15	20	24	30	40	60	120	∞
1	39.86	49.50	53.59	55.83	57.24	58.20	58.91	59.44	59.86	60.19	60.71	61.22	61.74	62.00	62.26	62.53	62.79	63.06	63.33
2	8.53	9.00	9.16	9.24	9.29	9.33	9.35	9.37	9.38	9.39	9.41	9.42	9.44	9.45	9.46	9.47	9.47	9.48	9.49
3	5.54	5.46	5.39	5.34	5.31	5.28	5.27	5.25	5.24	5.23	5.22	5.20	5.18	5.18	5.17	5.16	5.15	5.14	5.13
4	4.54	4.32	4.19	4.11	4.05	4.01	3.98	3.95	3.94	3.92	3.90	3.87	3.84	3.83	3.82	3.80	3.79	3.78	3.76
5	4.06	3.78	3.62	3.52	3.45	3.40	3.37	3.34	3.32	3.30	3.27	3.24	3.21	3.19	3.17	3.16	3.14	3.12	3.10
6	3.78	3.46	3.29	3.18	3.11	3.05	3.01	2.98	2.96	2.94	2.90	2.87	2.84	2.82	2.80	2.78	2.76	2.74	2.72
7	3.59	3.26	3.07	2.96	2.88	2.83	2.78	2.75	2.72	2.70	2.67	2.63	2.59	2.58	2.56	2.54	2.51	2.49	2.47
8	3.46	3.11	2.92	2.81	2.73	2.67	2.62	2.59	2.56	2.54	2.50	2.46	2.42	2.40	2.38	2.36	2.34	2.32	2.29
9	3.36	3.01	2.81	2.69	2.61	2.55	2.51	2.47	2.44	2.42	2.38	2.34	2.30	2.28	2.25	2.23	2.21	2.18	2.16
10	3.29	2.92	2.73	2.61	2.52	2.46	2.41	2.38	2.35	2.32	2.28	2.24	2.20	2.18	2.16	2.13	2.11	2.08	2.06
11	3.23	2.86	2.66	2.54	2.45	2.39	2.34	2.30	2.27	2.25	2.21	2.17	2.12	2.10	2.08	2.05	2.03	2.00	1.97
12	3.18	2.81	2.61	2.48	2.39	2.33	2.28	2.24	2.21	2.19	2.15	2.10	2.06	2.04	2.01	1.99	1.96	1.93	1.90
13	3.14	2.76	2.56	2.43	2.35	2.28	2.23	2.20	2.16	2.14	2.10	2.05	2.01	1.98	1.96	1.93	1.90	1.88	1.85
14	3.10	2.73	2.52	2.39	2.31	2.24	2.19	2.15	2.12	2.10	2.05	2.01	1.96	1.94	1.91	1.89	1.86	1.83	1.80
15	3.07	2.70	2.49	2.36	2.27	2.21	2.16	2.12	2.09	2.06	2.02	1.97	1.92	1.90	1.87	1.85	1.82	1.79	1.76
16	3.05	2.67	2.46	2.33	2.24	2.18	2.13	2.09	2.06	2.03	1.99	1.94	1.89	1.87	1.84	1.81	1.78	1.75	1.72
17	3.03	2.64	2.44	2.31	2.22	2.15	2.10	2.06	2.03	2.00	1.96	1.91	1.86	1.84	1.81	1.78	1.75	1.72	1.69
18	3.01	2.62	2.42	2.29	2.20	2.13	2.08	2.04	2.00	1.98	1.93	1.89	1.84	1.81	1.78	1.75	1.72	1.69	1.66
19	2.99	2.61	2.40	2.27	2.18	2.11	2.06	2.02	1.98	1.96	1.91	1.86	1.81	1.79	1.76	1.73	1.70	1.67	1.63
20	2.97	2.59	2.38	2.25	2.16	2.09	2.04	2.00	1.96	1.94	1.89	1.84	1.79	1.77	1.74	1.71	1.68	1.64	1.61
21	2.96	2.57	2.36	2.23	2.14	2.08	2.02	1.98	1.95	1.92	1.87	1.83	1.78	1.75	1.72	1.69	1.66	1.62	1.59
22	2.95	2.56	2.35	2.22	2.13	2.06	2.01	1.97	1.93	1.90	1.86	1.81	1.76	1.73	1.70	1.67	1.64	1.60	1.57
23	2.94	2.55	2.34	2.21	2.11	2.05	1.99	1.95	1.92	1.89	1.84	1.80	1.74	1.72	1.69	1.66	1.62	1.59	1.55
24	2.93	2.54	2.33	2.19	2.10	2.04	1.98	1.94	1.91	1.88	1.83	1.78	1.73	1.70	1.67	1.64	1.61	1.57	1.53
25	2.92	2.53	2.32	2.18	2.09	2.02	1.97	1.93	1.89	1.87	1.82	1.77	1.72	1.69	1.66	1.63	1.59	1.56	1.52
26	2.91	2.52	2.31	2.17	2.08	2.01	1.96	1.92	1.88	1.86	1.81	1.76	1.71	1.68	1.65	1.61	1.58	1.54	1.50
27	2.90	2.51	2.30	2.17	2.07	2.00	1.95	1.91	1.87	1.85	1.80	1.75	1.70	1.67	1.64	1.60	1.57	1.53	1.49
28	2.89	2.50	2.29	2.16	2.06	2.00	1.94	1.90	1.87	1.84	1.79	1.74	1.69	1.66	1.63	1.59	1.56	1.52	1.48
29	2.89	2.50	2.28	2.15	2.06	1.99	1.93	1.89	1.86	1.83	1.78	1.73	1.68	1.65	1.62	1.58	1.55	1.51	1.47
30	2.88	2.49	2.28	2.14	2.05	1.98	1.93	1.88	1.85	1.82	1.77	1.72	1.67	1.64	1.61	1.57	1.54	1.50	1.46
40	2.84	2.44	2.23	2.09	2.00	1.93	1.87	1.83	1.79	1.76	1.71	1.66	1.61	1.57	1.54	1.51	1.47	1.42	1.38
60	2.79	2.39	2.18	2.04	1.95	1.87	1.82	1.77	1.74	1.71	1.66	1.60	1.54	1.51	1.48	1.44	1.40	1.35	1.29
120	2.75	2.35	2.13	1.99	1.90	1.82	1.77	1.72	1.68	1.65	1.60	1.55	1.48	1.45	1.41	1.37	1.32	1.26	1.19
∞	2.71	2.30	2.08	1.94	1.85	1.77	1.72	1.67	1.63	1.60	1.55	1.49	1.42	1.38	1.34	1.30	1.24	1.17	1.00

续附表 5

$\alpha = 0.05$

n_1 \ n_2	1	2	3	4	5	6	7	8	9	10	12	15	20	24	30	40	60	120	∞
1	161.4	199.5	215.7	224.6	230.2	234.0	236.8	238.9	240.5	241.9	243.9	245.9	248.0	249.1	250.1	251.1	252.2	253.3	254.3
2	18.51	19.00	19.16	19.25	19.30	19.33	19.35	19.37	19.38	19.40	19.41	19.43	19.45	19.45	19.46	19.47	19.48	19.49	19.50
3	10.13	9.55	9.28	9.12	9.01	8.94	8.89	8.85	8.81	8.79	8.74	8.70	8.66	8.64	8.62	8.59	8.57	8.55	8.53
4	7.71	6.94	6.59	6.39	6.26	6.16	6.09	6.04	6.00	5.96	5.91	5.86	5.80	5.77	5.75	5.72	5.69	5.66	5.63
5	6.61	5.79	5.41	5.19	5.05	4.95	4.88	4.82	4.77	4.74	4.68	4.62	4.56	4.53	4.50	4.46	4.43	4.40	4.36
6	5.99	5.14	4.76	4.53	4.39	4.28	4.21	4.15	4.10	4.06	4.00	3.94	3.87	3.84	3.81	3.77	3.74	3.70	3.67
7	5.59	4.74	4.35	4.12	3.97	3.87	3.79	3.73	3.68	3.64	3.57	3.51	3.44	3.41	3.38	3.34	3.30	3.27	3.23
8	5.32	4.46	4.07	3.84	3.69	3.58	3.50	3.44	3.39	3.35	3.28	3.22	3.15	3.12	3.08	3.04	3.01	2.97	2.93
9	5.12	4.26	3.86	3.63	3.48	3.37	3.29	3.23	3.18	3.14	3.07	3.01	2.94	2.90	2.86	2.83	2.79	2.75	2.71
10	4.96	4.10	3.71	3.48	3.33	3.22	3.14	3.07	3.02	2.98	2.91	2.85	2.77	2.74	2.70	2.66	2.62	2.58	2.54
11	4.84	3.98	3.59	3.36	3.20	3.09	3.01	2.95	2.90	2.85	2.79	2.72	2.65	2.61	2.57	2.53	2.49	2.45	2.40
12	4.75	3.89	3.49	3.26	3.11	3.00	2.91	2.85	2.80	2.75	2.69	2.62	2.54	2.51	2.47	2.43	2.38	2.34	2.30
13	4.67	3.81	3.41	3.18	3.03	2.92	2.83	2.77	2.71	2.67	2.60	2.53	2.46	2.42	2.38	2.34	2.30	2.25	2.21
14	4.60	3.74	3.34	3.11	2.96	2.85	2.76	2.70	2.65	2.60	2.53	2.46	2.39	2.35	2.31	2.27	2.22	2.18	2.13
15	4.54	3.68	3.29	3.06	2.90	2.79	2.71	2.64	2.59	2.54	2.48	2.40	2.33	2.29	2.25	2.20	2.16	2.11	2.07
16	4.49	3.63	3.24	3.01	2.85	2.74	2.66	2.59	2.54	2.49	2.42	2.35	2.28	2.24	2.19	2.15	2.11	2.06	2.01
17	4.45	3.59	3.20	2.96	2.81	2.70	2.61	2.55	2.49	2.45	2.38	2.31	2.23	2.19	2.15	2.10	2.06	2.01	1.96
18	4.41	3.55	3.16	2.93	2.77	2.66	2.58	2.51	2.46	2.41	2.34	2.27	2.19	2.15	2.11	2.06	2.02	1.97	1.92
19	4.38	3.52	3.13	2.90	2.74	2.63	2.54	2.48	2.42	2.38	2.31	2.23	2.16	2.11	2.07	2.03	1.98	1.93	1.88
20	4.35	3.49	3.10	2.87	2.71	2.60	2.51	2.45	2.39	2.35	2.28	2.20	2.12	2.08	2.04	1.99	1.95	1.90	1.84
21	4.32	3.47	3.07	2.84	2.68	2.57	2.49	2.42	2.37	2.32	2.25	2.18	2.10	2.05	2.01	1.96	1.92	1.87	1.81
22	4.30	3.44	3.05	2.82	2.66	2.55	2.46	2.40	2.34	2.30	2.23	2.15	2.07	2.03	1.98	1.94	1.89	1.84	1.78
23	4.28	3.42	3.03	2.80	2.64	2.53	2.44	2.37	2.32	2.27	2.20	2.13	2.05	2.01	1.96	1.91	1.86	1.81	1.76
24	4.26	3.40	3.01	2.78	2.62	2.51	2.42	2.36	2.30	2.25	2.18	2.11	2.03	1.98	1.94	1.89	1.84	1.79	1.73
25	4.24	3.39	2.99	2.76	2.60	2.49	2.40	2.34	2.28	2.24	2.16	2.09	2.01	1.96	1.92	1.87	1.82	1.77	1.71
26	4.23	3.37	2.98	2.74	2.59	2.47	2.39	2.32	2.27	2.22	2.15	2.07	1.99	1.95	1.90	1.85	1.80	1.75	1.69
27	4.21	3.35	2.96	2.73	2.57	2.46	2.37	2.31	2.25	2.20	2.13	2.06	1.97	1.93	1.88	1.84	1.79	1.73	1.67
28	4.20	3.34	2.95	2.71	2.56	2.45	2.36	2.29	2.24	2.19	2.12	2.04	1.96	1.91	1.87	1.82	1.77	1.71	1.65
29	4.18	3.33	2.93	2.70	2.55	2.43	2.35	2.28	2.22	2.18	2.10	2.03	1.94	1.90	1.85	1.81	1.75	1.70	1.64
30	4.17	3.32	2.92	2.69	2.53	2.42	2.33	2.27	2.21	2.16	2.09	2.01	1.93	1.89	1.84	1.79	1.74	1.68	1.62
40	4.08	3.23	2.84	2.61	2.45	2.34	2.25	2.18	2.12	2.08	2.00	1.92	1.84	1.79	1.74	1.69	1.64	1.58	1.51
60	4.00	3.15	2.76	2.53	2.37	2.25	2.17	2.10	2.04	1.99	1.92	1.84	1.75	1.70	1.65	1.59	1.53	1.47	1.39
120	3.92	3.07	2.68	2.45	2.29	2.17	2.09	2.02	1.96	1.91	1.83	1.75	1.66	1.61	1.55	1.50	1.43	1.35	1.25
∞	3.84	3.00	2.60	2.37	2.21	2.10	2.01	1.94	1.88	1.83	1.75	1.67	1.57	1.52	1.46	1.39	1.32	1.22	1.00

续附表 5

$\alpha = 0.025$

n_2 \ n_1	1	2	3	4	5	6	7	8	9	10	12	15	20	24	30	40	60	120	∞
1	647.8	799.5	864.2	899.6	921.8	937.1	948.2	956.7	963.3	968.6	976.7	984.9	993.1	997.2	1001	1006	1010	1014	1018
2	38.51	39.00	39.17	39.25	39.30	39.33	39.36	39.37	39.39	39.40	39.41	39.43	39.45	39.46	39.46	39.47	39.48	39.49	39.50
3	17.44	16.04	15.44	15.10	14.88	14.73	14.62	14.54	14.47	14.42	14.34	14.25	14.17	14.12	14.08	14.04	13.99	13.95	13.90
4	12.22	10.65	9.98	9.60	9.36	9.20	9.07	8.98	8.90	8.84	8.75	8.66	8.56	8.51	8.46	8.41	8.36	8.31	8.26
5	10.01	8.43	7.76	7.39	7.15	6.98	6.85	6.76	6.68	6.62	6.52	6.43	6.33	6.28	6.23	6.18	6.12	6.07	6.02
6	8.81	7.26	6.60	6.23	5.99	5.82	5.70	5.60	5.52	5.46	5.37	5.27	5.17	5.12	5.07	5.01	4.96	4.90	4.85
7	8.07	6.54	5.89	5.52	5.29	5.12	4.99	4.90	4.82	4.76	4.67	4.57	4.47	4.42	4.36	4.31	4.25	4.20	4.14
8	7.57	6.06	5.42	5.05	4.82	4.65	4.53	4.43	4.36	4.30	4.20	4.10	4.00	3.95	3.89	3.84	3.78	3.73	3.67
9	7.21	5.71	5.08	4.72	4.48	4.32	4.20	4.10	4.03	3.96	3.87	3.77	3.67	3.61	3.56	3.51	3.45	3.39	3.33
10	6.94	5.46	4.83	4.47	4.24	4.07	3.95	3.85	3.78	3.72	3.62	3.52	3.42	3.37	3.31	3.26	3.20	3.14	3.08
11	6.72	5.26	4.63	4.28	4.04	3.88	3.76	3.66	3.59	3.53	3.43	3.33	3.23	3.17	3.12	3.06	3.00	2.94	2.88
12	6.55	5.10	4.47	4.12	3.89	3.73	3.61	3.51	3.44	3.37	3.28	3.18	3.07	3.02	2.96	2.91	2.85	2.79	2.72
13	6.41	4.97	4.35	4.00	3.77	3.60	3.48	3.39	3.31	3.25	3.15	3.05	2.95	2.89	2.84	2.78	2.72	2.66	2.60
14	6.30	4.86	4.24	3.89	3.66	3.50	3.38	3.29	3.21	3.15	3.05	2.95	2.84	2.79	2.73	2.67	2.61	2.55	2.49
15	6.20	4.77	4.15	3.80	3.58	3.41	3.29	3.20	3.12	3.06	2.96	2.86	2.76	2.70	2.64	2.59	2.52	2.46	2.40
16	6.12	4.69	4.08	3.73	3.50	3.34	3.22	3.12	3.05	2.99	2.89	2.79	2.68	2.63	2.57	2.51	2.45	2.38	2.32
17	6.04	4.62	4.01	3.66	3.44	3.28	3.26	2.98	2.92	2.82	2.72	2.62	2.56	2.50	2.44	2.38	2.32	2.25	
18	5.98	4.56	3.95	3.61	3.38	3.22	3.10	3.01	2.93	2.87	2.77	2.67	2.56	2.50	2.44	2.38	2.32	2.26	2.19
19	5.92	4.51	3.90	3.56	3.33	3.17	3.05	2.96	2.88	2.82	2.72	2.62	2.51	2.45	2.39	2.33	2.27	2.20	2.13
20	5.87	4.46	3.86	3.51	3.29	3.13	3.01	2.91	2.84	2.77	2.68	2.57	2.46	2.41	2.35	2.29	2.22	2.16	2.09
21	5.83	4.42	3.82	3.48	3.25	3.09	2.97	2.87	2.80	2.73	2.64	2.53	2.42	2.37	2.31	2.25	2.18	2.11	2.04
22	5.79	4.38	3.78	3.44	3.22	3.05	2.93	2.84	2.76	2.70	2.60	2.50	2.39	2.33	2.27	2.21	2.14	2.08	2.00
23	5.75	4.35	3.75	3.41	3.18	3.02	2.90	2.81	2.73	2.67	2.57	2.47	2.36	2.30	2.24	2.18	2.11	2.04	1.97
24	5.72	4.32	3.72	3.38	3.15	2.99	2.87	2.78	2.70	2.64	2.54	2.44	2.33	2.27	2.21	2.15	2.08	2.01	1.94
25	5.69	4.29	3.69	3.35	3.13	2.97	2.85	2.75	2.68	2.61	2.51	2.41	2.30	2.24	2.18	2.12	2.05	1.98	1.91
26	5.66	4.27	3.67	3.33	3.10	2.94	2.82	2.73	2.65	2.59	2.49	2.39	2.28	2.22	2.16	2.09	2.03	1.95	1.88
27	5.63	4.24	3.65	3.31	3.08	2.92	2.80	2.71	2.63	2.57	2.47	2.36	2.25	2.19	2.13	2.07	2.00	1.93	1.85
28	5.61	4.22	3.63	3.29	3.06	2.90	2.78	2.69	2.61	2.55	2.45	2.34	2.23	2.17	2.11	2.05	1.98	1.91	1.83
29	5.59	4.20	3.61	3.27	3.04	2.88	2.76	2.67	2.59	2.53	2.43	2.32	2.21	2.15	2.09	2.03	1.96	1.89	1.81
30	5.57	4.18	3.59	3.25	3.03	2.87	2.75	2.65	2.57	2.51	2.41	2.31	2.20	2.14	2.07	2.01	1.94	1.87	1.79
40	5.42	4.05	3.46	3.13	3.90	2.74	2.62	2.53	2.45	2.39	2.29	2.18	2.07	2.01	1.94	1.88	1.80	1.72	1.64
60	5.29	3.93	3.34	3.01	2.79	2.63	2.51	2.41	2.33	2.27	3.17	2.06	1.94	1.88	1.82	1.74	1.67	1.58	1.48
120	5.15	3.80	3.23	2.89	2.67	2.52	2.39	2.30	2.22	2.16	2.05	1.94	1.82	1.76	1.69	1.61	1.53	1.43	1.31
∞	5.02	3.69	3.12	2.79	2.57	2.41	2.29	2.19	2.11	2.05	1.94	1.83	1.71	1.64	1.57	1.48	1.39	1.27	1.00

续附表 5

$\alpha = 0.01$

n_2 \ n_1	1	2	3	4	5	6	7	8	9	10	12	15	20	24	30	40	60	120	∞
1	4052	4999.5	5403	5625	5764	5859	5928	5982	6022	6056	6106	6157	6209	6235	6261	6287	6313	6339	6366
2	98.50	99.00	99.17	99.25	99.30	99.33	99.36	99.37	99.39	99.40	99.42	99.43	99.45	99.46	99.47	99.47	99.48	99.49	99.50
3	34.12	30.82	29.46	28.71	28.24	27.91	27.67	27.49	27.35	27.23	27.05	26.87	26.69	26.60	26.50	26.41	26.32	26.22	26.13
4	21.20	18.00	16.69	15.98	15.52	15.21	14.98	14.80	14.66	14.55	14.37	14.20	14.02	13.93	13.84	13.75	13.65	13.56	13.46
5	16.26	13.27	12.06	11.39	10.97	10.67	10.46	10.29	10.16	10.05	9.89	9.72	9.55	9.47	9.38	9.29	9.20	9.11	9.02
6	13.75	10.93	9.78	9.15	8.75	8.47	8.26	8.10	7.98	7.87	7.72	7.56	7.40	7.31	7.23	7.14	7.06	6.97	6.88
7	12.25	9.55	8.45	7.85	7.46	7.19	6.99	6.84	6.72	6.62	6.47	6.31	6.16	6.07	5.99	5.91	5.82	5.74	5.65
8	11.26	8.65	7.59	7.01	6.63	6.37	6.18	6.03	5.91	5.81	5.67	5.52	5.36	5.28	5.20	5.12	5.03	4.95	4.86
9	10.56	8.02	6.99	6.42	6.06	5.80	5.61	5.47	5.35	5.26	5.11	4.96	4.81	4.73	4.65	4.57	4.48	4.40	4.31
10	10.04	7.56	6.55	5.99	5.64	5.39	5.20	5.06	4.94	4.85	4.71	4.56	4.41	4.33	4.25	4.17	4.08	4.00	3.91
11	9.65	7.21	6.22	5.67	5.32	5.07	4.89	4.74	4.63	4.54	4.40	4.25	4.10	4.02	3.94	3.86	3.78	3.69	3.60
12	9.33	6.93	5.95	5.41	5.06	4.82	4.64	4.50	4.39	4.30	4.16	4.01	3.86	3.78	3.70	3.62	3.54	3.45	3.36
13	9.07	6.70	5.74	5.21	4.86	4.62	4.44	4.30	4.19	4.10	3.96	3.82	3.66	3.59	3.51	3.43	3.34	3.25	3.17
14	8.86	6.51	5.56	5.04	4.69	4.46	4.28	4.14	4.03	3.94	3.80	3.66	3.51	3.43	3.35	3.27	3.18	3.09	3.00
15	8.68	6.36	5.42	4.89	4.56	4.32	4.14	4.00	3.89	3.80	3.67	3.52	3.37	3.29	3.21	3.13	3.05	2.96	2.87
16	8.53	6.23	5.29	4.77	4.44	4.20	4.03	3.89	3.78	3.69	3.55	3.41	3.26	3.18	3.10	3.02	2.93	2.84	2.75
17	8.40	6.11	5.18	4.67	4.34	4.10	3.93	3.79	3.68	3.59	3.46	3.31	3.16	3.08	3.00	2.92	2.83	2.75	2.65
18	8.29	6.01	5.09	4.58	4.25	4.01	3.84	3.71	3.60	3.51	3.37	3.23	3.08	3.00	2.92	2.84	2.75	2.66	2.57
19	8.18	5.93	5.01	4.50	4.17	3.94	3.77	3.63	3.52	3.43	3.30	3.15	3.00	2.92	2.84	2.76	2.67	2.58	2.49
20	8.10	5.85	4.94	4.43	4.10	3.87	3.70	3.56	3.46	3.37	3.23	3.09	2.94	2.86	2.78	2.69	2.61	2.52	2.42
21	8.02	5.78	4.87	4.37	4.04	3.81	3.64	3.51	3.40	3.31	3.17	3.03	2.88	2.80	2.72	2.64	2.55	2.46	2.36
22	7.95	5.72	4.82	4.31	3.99	3.76	3.59	3.45	3.35	3.26	3.12	2.98	2.83	2.75	2.67	2.58	2.50	2.40	2.31
23	7.88	5.66	4.76	4.26	3.94	3.71	3.54	3.41	3.30	3.21	3.07	2.93	2.78	2.70	2.62	2.54	2.45	2.35	2.26
24	7.82	5.61	4.72	4.22	3.90	3.67	3.50	3.36	3.26	3.17	3.03	2.89	2.74	2.66	2.58	2.49	2.40	2.31	2.21
25	7.77	5.57	4.68	4.18	3.85	3.63	3.46	3.32	3.22	3.13	2.99	2.85	2.70	2.62	2.54	2.45	2.36	2.27	2.17
26	7.72	5.53	4.64	4.14	3.82	3.59	3.42	3.29	3.18	3.09	2.96	2.81	2.66	2.58	2.50	2.42	2.33	2.23	2.13
27	7.68	5.49	4.60	4.11	3.78	3.56	3.39	3.26	3.15	3.06	2.93	2.78	2.63	2.55	2.47	2.38	2.29	2.20	2.10
28	7.64	5.45	4.57	4.07	3.75	3.53	3.36	3.23	3.12	3.03	2.90	2.75	2.60	2.52	2.44	2.35	2.26	2.17	2.06
29	7.60	5.42	4.54	4.04	3.73	3.50	3.33	3.20	3.09	3.00	2.87	2.73	2.57	2.49	2.41	2.33	2.23	2.14	2.03
30	7.56	5.39	4.51	4.02	3.70	3.47	3.30	3.17	3.07	2.98	2.84	2.70	2.55	2.47	2.39	2.30	2.21	2.11	2.01
40	7.31	5.18	4.31	3.83	3.51	3.29	3.12	2.99	2.89	2.80	2.66	2.52	2.37	2.29	2.20	2.11	2.02	1.92	1.80
60	7.08	4.98	4.13	3.65	3.34	3.12	2.95	2.82	2.72	2.63	2.50	2.35	2.20	2.12	2.03	1.94	1.84	1.73	1.60
120	6.85	4.79	3.95	3.48	3.17	2.96	2.79	2.66	2.56	2.47	2.34	2.19	2.03	1.95	1.86	1.76	1.66	1.53	1.38
∞	6.63	4.61	3.78	3.32	3.02	2.80	2.64	2.51	2.41	2.32	2.18	2.04	1.88	1.79	1.70	1.59	1.47	1.32	1.00

续附表 5

$\alpha = 0.005$

n_1 \ n_2	1	2	3	4	5	6	7	8	9	10	12	15	20	24	30	40	60	120	∞
1	16 211	20 000	21 615	22 500	23 056	23 437	23 715	23 925	24 091	24 224	24 426	24 630	24 836	24 940	25 044	25 148	25 253	25 359	25 465
2	198.5	199.0	199.2	199.2	199.3	199.3	199.4	199.4	199.4	199.4	199.4	199.4	199.4	199.5	199.5	199.5	199.5	199.5	199.5
3	55.55	49.80	47.47	46.19	45.39	44.84	44.43	44.13	43.88	43.69	43.39	43.08	42.78	42.62	42.47	42.31	42.15	41.99	41.83
4	31.33	26.28	24.26	23.15	22.46	21.97	21.62	21.35	21.14	20.97	20.70	20.44	20.17	20.03	19.89	19.75	19.61	19.47	19.32
5	22.78	18.31	16.53	15.56	14.94	14.51	14.20	13.96	13.77	13.62	13.38	13.15	12.90	12.78	12.66	12.53	12.40	12.27	12.14
6	18.63	14.54	12.92	12.03	11.46	11.07	10.79	10.57	10.39	10.25	10.03	9.81	9.59	9.47	9.36	9.24	9.12	9.00	8.88
7	16.24	12.40	10.88	10.05	9.52	9.16	8.89	8.68	8.51	8.38	8.18	7.97	7.75	7.65	7.53	7.42	7.31	7.19	7.08
8	14.69	11.04	9.60	8.81	8.30	7.95	7.69	7.50	7.34	7.21	7.01	6.81	6.61	6.50	6.40	6.29	6.18	6.06	5.95
9	13.61	10.11	8.72	7.96	7.47	7.13	6.88	6.69	6.54	6.42	6.23	6.03	5.83	5.73	5.62	5.52	5.41	5.30	5.19
10	12.83	9.43	8.08	7.34	6.87	6.54	6.30	6.12	5.97	5.85	5.66	5.47	5.27	5.17	5.07	4.97	4.86	4.75	4.64
11	12.23	8.91	7.60	6.88	6.42	6.10	5.86	5.68	5.54	5.42	5.24	5.05	4.86	4.76	4.65	4.55	4.44	4.34	4.23
12	11.75	8.51	7.23	6.52	6.07	5.76	5.52	5.35	5.20	5.09	4.91	4.72	4.53	4.43	4.33	4.23	4.12	4.01	3.90
13	11.37	8.19	6.93	6.23	5.79	5.48	5.25	5.08	4.94	4.82	4.64	4.46	4.27	4.17	4.07	3.97	3.87	3.76	3.65
14	11.06	7.92	6.68	6.00	5.56	5.26	5.03	4.86	4.72	4.60	4.43	4.25	4.06	3.96	3.86	3.76	3.66	3.55	3.44
15	10.80	7.70	6.48	5.80	5.37	5.07	4.85	4.67	4.54	4.42	4.25	4.07	3.88	3.79	3.69	3.58	3.48	3.37	3.26
16	10.58	7.51	6.30	5.64	5.21	4.91	4.69	4.52	4.38	4.27	4.10	3.92	3.73	3.64	3.54	3.44	3.33	3.22	3.11
17	10.38	7.35	6.16	5.50	5.07	4.78	4.56	4.39	4.25	4.14	3.97	3.79	3.61	3.51	3.41	3.31	3.21	3.10	2.98
18	10.22	7.21	6.03	5.37	4.96	4.66	4.44	4.28	4.14	4.03	3.86	3.68	3.50	3.40	3.30	3.20	3.10	2.99	2.87
19	10.07	7.09	5.92	5.27	7.85	4.56	4.34	4.18	4.04	3.93	3.76	3.59	3.40	3.31	3.21	3.11	3.00	2.89	2.78
20	9.94	6.99	5.82	5.17	4.76	4.47	4.26	4.09	3.96	3.85	3.68	3.50	3.32	3.22	3.12	3.02	2.92	2.81	2.69
21	9.83	6.89	5.73	5.09	4.68	4.39	4.18	4.01	3.88	3.77	3.60	3.43	3.24	3.15	3.05	2.95	2.84	2.73	2.61
22	9.73	6.81	5.65	5.02	4.61	4.32	4.11	3.94	3.81	3.70	3.54	3.36	3.18	3.08	2.98	2.88	2.77	2.66	2.55
23	9.63	6.73	5.58	4.95	4.54	4.26	4.05	3.88	3.75	3.64	3.47	3.30	3.12	3.02	2.92	2.82	2.71	2.60	2.48
24	9.55	6.66	5.52	4.89	4.49	4.20	3.99	3.83	3.69	3.59	3.42	3.25	3.06	2.97	2.87	2.77	2.66	2.55	2.43
25	9.48	6.60	5.46	4.84	4.43	4.15	3.94	3.78	3.64	3.54	3.37	3.20	3.01	2.92	2.82	2.72	2.61	2.50	2.38
26	9.41	6.54	5.41	4.79	4.38	4.10	3.89	3.73	3.60	3.49	3.33	3.15	2.97	2.87	2.77	2.67	2.56	2.45	2.33
27	9.34	6.49	5.36	4.74	4.34	4.06	3.85	3.69	3.56	3.45	3.28	3.11	2.93	2.83	2.73	2.63	2.52	2.41	2.29
28	9.28	6.44	5.32	4.70	4.30	4.02	3.81	3.65	3.52	3.41	3.25	3.07	2.89	2.79	2.69	2.59	2.48	2.37	2.25
29	9.23	6.40	5.28	4.66	4.26	3.98	3.77	3.61	3.48	3.38	3.21	3.04	2.86	2.76	2.66	2.56	2.45	2.33	2.21
30	9.18	6.35	5.24	4.62	4.23	3.95	3.74	3.58	3.45	3.34	3.18	3.01	2.82	2.73	2.63	2.52	2.42	2.30	2.18
40	8.83	6.07	4.98	4.37	3.99	3.71	3.51	3.35	3.22	3.12	2.95	2.78	2.60	2.50	2.40	2.30	2.18	2.06	1.93
60	8.49	5.79	4.73	4.14	3.76	3.49	3.29	3.13	3.01	2.90	2.74	2.57	2.39	2.29	2.19	2.08	1.96	1.83	1.69
120	8.18	5.54	4.50	3.92	3.55	3.28	3.09	2.93	2.81	2.71	2.54	2.37	2.19	2.09	1.98	1.87	1.75	1.61	1.43
∞	7.88	5.30	4.28	3.72	3.35	3.09	2.90	2.74	2.62	2.52	2.36	2.19	2.00	1.90	1.79	1.67	1.53	1.36	1.00

续附表 5

$\alpha = 0.001$

n_2 \ n_1	1	2	3	4	5	6	7	8	9	10	12	15	20	24	30	40	60	120	∞
1	4053+	5000+	5404+	5625+	5764+	5859+	5929+	5981+	6023+	6056+	6107+	6158+	6209+	6235+	6261+	6287+	6313+	6340+	6366+
2	998.5	999.0	999.2	999.2	999.3	999.3	999.4	999.4	999.4	999.4	999.4	999.4	999.4	999.5	999.5	999.5	999.5	999.5	999.5
3	167.0	148.5	141.1	137.1	134.6	132.8	131.6	130.6	129.9	129.2	128.3	127.4	126.4	125.9	125.4	125.0	124.5	124.0	123.5
4	74.14	61.25	56.18	53.44	51.71	50.53	49.66	49.00	48.47	48.05	47.41	46.76	46.10	45.77	45.43	45.09	44.75	44.40	44.05
5	47.18	37.12	33.20	31.09	29.75	28.84	28.16	27.64	27.24	26.92	26.42	25.91	25.39	25.14	24.87	24.60	24.33	24.06	23.79
6	35.51	27.00	23.70	21.92	20.81	20.03	19.46	19.03	18.69	18.41	17.99	17.56	17.12	16.89	16.67	16.44	16.21	15.99	15.75
7	29.25	21.69	18.77	17.19	16.21	15.52	15.02	14.63	14.33	14.08	13.71	13.32	12.93	12.73	12.53	12.33	12.12	11.91	11.70
8	25.42	18.49	15.83	14.39	13.49	12.86	12.40	12.04	11.77	11.54	11.19	10.84	10.48	10.30	10.11	9.92	9.73	9.53	9.33
9	22.86	16.39	13.90	12.56	11.71	11.13	10.70	10.37	10.11	9.89	9.57	9.24	8.90	8.72	8.55	8.37	8.19	8.00	7.80
10	21.04	14.91	12.55	11.28	10.48	9.92	9.52	9.20	8.96	8.75	8.45	8.13	7.80	7.64	7.47	7.30	7.12	6.94	6.76
11	19.69	13.81	11.56	10.35	9.58	9.05	8.66	8.35	8.12	7.92	7.63	7.32	7.01	6.85	6.68	6.52	6.35	6.17	6.00
12	18.64	12.97	10.80	9.63	8.89	8.38	8.00	7.71	7.48	7.29	7.00	6.71	6.40	6.25	6.09	5.93	5.76	5.59	5.42
13	17.81	12.31	10.21	9.07	8.35	7.86	7.49	7.21	6.98	6.80	6.52	6.23	5.93	5.78	5.63	5.47	5.30	5.14	4.97
14	17.14	11.78	9.73	8.62	7.92	7.43	7.08	6.80	6.58	6.40	6.13	5.85	5.56	5.41	5.25	5.10	4.94	4.77	4.60
15	16.59	11.34	9.34	8.25	7.57	7.09	6.74	6.47	6.26	6.08	5.81	5.54	5.25	5.10	4.95	4.80	4.64	4.47	4.31
16	16.12	10.97	9.00	7.94	7.27	6.81	6.46	6.19	5.98	5.81	5.55	5.27	4.99	4.85	4.70	4.54	4.39	4.23	4.06
17	15.72	10.66	8.73	7.68	7.02	6.56	6.22	5.96	5.75	5.58	5.32	5.05	4.78	4.63	4.48	4.33	4.18	4.02	3.85
18	15.38	10.39	8.49	7.46	6.81	6.35	6.02	5.76	5.56	5.39	5.13	4.87	4.59	4.45	4.30	4.15	4.00	3.84	3.67
19	15.08	10.16	8.28	7.26	6.62	6.18	5.85	5.59	5.39	5.22	4.97	4.70	4.43	4.29	4.14	3.99	3.84	3.68	3.51
20	14.82	9.95	8.10	7.10	6.46	6.02	5.69	5.44	5.24	5.08	4.82	4.56	4.29	4.15	4.00	3.86	3.70	3.54	3.38
21	14.59	9.77	7.94	6.95	6.32	5.88	5.56	5.31	5.11	4.95	4.70	4.44	4.17	4.03	3.88	3.74	3.58	3.42	3.26
22	14.38	9.61	7.80	6.81	6.19	5.76	5.44	5.19	4.98	4.83	4.58	4.33	4.06	3.92	3.78	3.63	3.48	3.32	3.15
23	14.19	9.47	7.67	6.69	6.08	5.65	5.33	5.09	4.89	4.73	4.48	4.23	3.96	3.82	3.68	3.53	3.38	3.22	3.05
24	14.03	9.34	7.55	6.59	5.98	5.55	5.23	4.99	4.80	4.64	4.39	4.14	3.87	3.74	3.59	3.45	3.29	3.14	2.97
25	13.88	9.22	7.45	6.49	5.88	5.46	5.15	4.91	4.71	4.56	4.31	4.06	3.79	3.66	3.52	3.37	3.22	3.06	2.89
26	13.74	9.12	7.36	6.41	5.80	5.38	5.07	4.83	4.64	4.48	4.24	3.99	3.72	3.59	3.44	3.30	3.15	2.99	2.82
27	13.61	9.02	7.27	6.33	5.73	5.31	5.00	4.76	4.57	4.41	4.17	3.92	3.66	3.52	3.38	3.23	3.08	2.92	2.75
28	13.50	8.93	7.19	6.25	5.66	5.24	4.93	4.69	4.50	4.35	4.11	3.86	3.60	3.46	3.32	3.18	3.02	2.86	2.69
29	13.39	8.85	7.12	6.19	5.59	5.18	4.87	4.64	4.45	4.29	4.05	3.80	3.54	3.41	3.27	3.12	2.97	2.81	2.64
30	13.29	8.77	7.05	6.12	5.53	5.12	4.82	4.58	4.39	14.24	4.00	3.75	3.49	3.36	3.22	3.07	2.92	2.76	2.59
40	12.61	8.25	6.60	5.70	5.13	4.73	4.44	4.21	4.02	3.87	3.64	3.40	3.15	3.01	2.87	2.73	2.57	2.41	2.23
60	11.97	7.76	6.17	5.31	4.76	4.37	4.09	3.87	3.69	3.54	3.31	3.08	2.83	2.69	2.55	2.41	2.25	2.08	1.89
120	11.38	7.32	5.79	4.95	4.42	4.04	3.77	3.55	3.38	3.24	3.02	2.78	2.53	2.40	2.26	2.11	1.95	1.76	1.54
∞	10.83	6.91	5.42	4.62	4.10	3.74	3.47	3.27	3.10	2.96	2.74	2.51	2.27	2.13	1.99	1.84	1.66	1.45	1.00

+：表示要将所列数乘以 100